Forschungsberichte 

Band 78

**Berichte aus dem
Institut für Werkzeugmaschinen
und Betriebswissenschaften
der Technischen Universität
München**

Herausgeber:
Prof. Dr.-Ing. G. Reinhart
Prof. Dr.-Ing. J. Milberg

Springer-Verlag Berlin Heidelberg GmbH

Andreas Engel

Strömungstechnische Optimierung von Produktionssystemen durch Simulation

Mit 66 Abbildungen

Springer-Verlag
Berlin Heidelberg GmbH 1994

Dipl.-Ing. Andreas Engel
Institut für Werkzeugmaschinen und Betriebswissenschaften (iwb), München

Univ.-Prof. Dr.-Ing. G. Reinhart
o. Professor an der Technischen Universität München
Institut für Werkzeugmaschinen und Betriebswissenschaften (iwb), München

Univ.-Prof. Dr.-Ing. J. Milberg
o. Professor an der Technischen Universität München
Institut für Werkzeugmaschinen und Betriebswissenschaften (iwb), München

D 91

ISBN 978-3-540-58258-8   ISBN 978-3-662-10112-4 (eBook)
DOI 10.1007/978-3-662-10112-4

Geleitwort der Herausgeber

Die Produktionstechnik ist für die Weiterentwicklung unserer Industriegesellschaft von zentraler Bedeutung. Denn die Leistungsfähigkeit eines Industriebetriebes hängt entscheidend von den eingesetzten Produktionsmitteln, den angewandten Produk-tionsverfahren und der eingeführten Produktionsorganisation ab. Erst das optimale Zusammenspiel von Mensch, Organisation und Technik erlaubt es, alle Potentiale für den Unternehmenserfolg auszuschöpfen.

Um in dem Spannungsfeld Komplexität, Kosten, Zeit und Qualität bestehen zu können, müssen Produktionsstrukturen ständig neu überdacht und weiterentwickelt werden. Dabei ist es notwendig, die Komplexität von Produkten, Produktionsabläufen und -systemen einerseits zu verringern und andererseits besser zu beherrschen.

Ziel der Forschungsarbeiten des *iwb* ist die ständige Verbesserung von Produktentwicklungs- und Planungssystemen, von Herstellverfahren und Produktionsanlagen. Betriebsorganisation, Produktions- und Arbeitsstrukturen und Systeme zur Auftragsabwicklung im Unternehmen werden unter besonderer Berücksichtigung mitarbeiterorientierter Anforderungen entwickelt. Die dabei notwendige Steigerung des Automatisierungsgrades darf jedoch nicht zu einer Verfestigung arbeitsteiliger Strukturen führen. Fragen der optimalen Einbindung des Menschen in den Produktentstehungsprozeß spielen deshalb eine sehr wichtige Rolle.

Die im Rahmen dieser Buchreihe erscheinenden Bände stammen thematisch aus den Forschungsbereichen des *iwb*. Diese reichen von der Produktentwicklung über die Planung von Produktionssystemen hin zu den Bereichen Fertigung und Montage. Steuerung und Betrieb von Produktionssystemen, Qualitätssicherung, Verfügbarkeit und Autonomie sind Querschnittsthemen hierfür. In den *iwb*-Forschungsberichten werden neue Ergebnisse und Erkenntnisse aus der praxisnahen Forschung des *iwb* veröffentlicht. Diese Buchreihe soll dazu beitragen, den Wissenstransfer zwischen dem Hochschulbereich und dem Anwender in der Praxis zu verbessern.

Joachim Milberg *Gunther Reinhart*

Vorwort

Die vorliegende Dissertation entstand während meiner Tätigkeit als wissenschaftlicher Mitarbeiter am Institut für Werkzeugmaschinen und Betriebswissenschaften (iwb) der Technischen Universität München.

Herrn Prof. Dr.-Ing. J. Milberg, dem Leiter dieses Instituts, gilt mein besonderer Dank für die wohlwollende Förderung und großzügige Unterstützung, die entscheidend zur erfolgreichen Durchführung dieser Arbeit beigetragen haben.

Herrn Prof. Dr.-Ing. K. Feldmann, dem Leiter des Lehrstuhls für Fertigungsautomatisierung und Produktionssystematik der Universität Erlangen-Nürnberg, danke ich für die Übernahme des Koreferates und die kritische Durchsicht der Arbeit.

Darüberhinaus möchte ich allen Mitarbeiterinnen und Mitarbeitern des Instituts und allen Studenten, die mich bei der Erstellung meiner Arbeit unterstützt haben, recht herzlich danken.

München, im Mai 1994   *Andreas Engel*

Inhaltsverzeichnis

Formelzeichen:

Große Buchstaben

Zeichen	Dimension	Bedeutung
C_1, C_2, C_η	[-]	Konstanten im Turbulenzmodell
D	$[m^2/s]$	Diffusionskoeffizient
E	[-]	Erfassungsgrad
F_{T_1}	[-]	relativer Änderungsfaktor
G	$[m^4/(kg\ s)]$	Quellterm
H	$[m]$	Abstand
L	$[m]$	Längenmaß für turbulenztragende Wirbel
S	[-]	Systemfähigkeit
S_E	$[m^2/s^3]$	Energiequelle
S_i	$[kg/m^3 s]$	Stoffquelle
S_u	$[kg/m^2 s^2]$	Impulsquelle
T_i	$[K]$	Temperatur
$T\,'$	$[K]$	turbulente Temperaturschwankung
Tu	[-]	Turbulenzgrad
$\dot{V}_i$	$[l/s]$	Volumenstrom
Y_i	[-]	Massenanteil des Stoffes i

Kleine Buchstaben

a	$[°]$	Neigungswinkel
c_v	$[J/kgK]$	Spezifische Wärmekapazität bei konstantem Volumen
dt	$[s]$	Zeitschritt
$g_i,\ g_j$	$[m/s^2]$	Gravitationsbeschleunigung
k	$[m^2/s^2]$	Turbulente kinetische Energie
$\dot{m}$	$[kg/s]$	Massenstrom
p	$[N/m^2]$	Druck

t	[s]	Zeit
$u\,,v\,,w$	[m/s]	Geschwindigkeitskomponenten
$u'\,,v'\,,w'$	[m/s]	Turbulente Schwankungsgeschwindigkeitskomponenten
$u_i\,,u_j\,,u_k\,,v_i$	[m/s]	Geschwindigkeiten
$x_i\,,x_j\,,x_k\,,y,z$	[m]	Geometrische Richtungskomponenten

Griechische Buchstaben

δ	[-]	Differentiator
δ_{ij}	[-]	Kronecker-Symbol
ε	$[m^2/s^2]$	Turbulente Dissipationsenergie
λ	[W/mK]	Wärmeleitfähigkeit
η	[kg/ms]	Dynamische Viskosität
η_t	[kg/ms]	Wirbelviskosität
ρ	$[kg/m^3]$	Dichte
τ_{ij}	$[kg/ms^2]$	Spannungstensor
$\sigma_k\,,\sigma_\varepsilon$	[-]	Konstanten im Turbulenzmodell

Abkürzungen:

AB	Anfangsbedingungen
ACL	ASC Command Language
ADI	Alternating Direction Implicit
ASC	Advanced Scientific Computing
CAD	Computer Aided Design
CAE	Computer Aided Engineering
cbft	Kubikfuß
CDS	Central Differencing Scheme
CFD	Computational Fluid Dynamics
CPU	Central Processing Unit
FEM	Finite Elemente Methode
FVM	Finite Volumen Methode
ILU	Incomplete Lower Upper Decomposition
LSOR	Line Successive Overrelaxation
LUDS	Linear Upstream Differencing Scheme
MFLOPS	Mega Floating Point Operations per Second
MIPS	Million Instructions per Second
PAC	Physical Advection Correction
QUDS	Quadratic Upwind Differencing Scheme
QUICK	Quadratic Upstream-weighted Interpolation Scheme
RB	Randbedingungen
RE	Reynolds
RSM	Reynoldsspannungsmodell
UDS	Upstream Differencing Scheme
US FS 209 D	USA Federal Standard 209 D

1   Einführung

1.1   Einleitung

Im Zuge des sich ständig verstärkenden Wettbewerbs der hochindustrialisierten Länder und des Übergangs vom Verkäufer-Markt zum Käufer-Markt nehmen die Wettbewerbsfaktoren Qualität, Produktivität, Kosten, Flexibilität und Zeit immer entscheidendere Positionen ein [MILB 92, THIM 92, WEND 92, SCHM 92]. Um den ständig steigenden Anforderungen gerecht zu werden, müssen Unternehmen verstärkt dazu übergehen, ihre Organisations- und Ablaufstrukturen an die veränderten Wettbewerbsbedingungen anzupassen.

Die reale Auftragsabwicklung ist im wesentlichen durch eine konsequente Arbeitsteiligkeit von Konstruktion, Fertigungsplanung und Produktion, geprägt durch sequentielle Arbeitsweisen und redundante Grunddatengenerierungen, gekennzeichnet [SCHU 92]. Dies führt zu langen Entwicklungszeiten, ineffizienten und redundanten Arbeitsgängen und einer ungenügenden Berücksichtigung von Produktionsanforderungen in der Konstruktionsphase mit damit verbundenen Qualitäts-, Zeit- und somit Kostennachteilen. Steigende Lohn- und Lohnnebenkosten verschärfen die Situation und zwingen zur Entwicklung und Anwendung von neuen Lösungsansätzen.

Diese bestehen neben der Einführung von schlanken Unternehmens- und Produktionsstrukturen insbesondere in der Integration von Konstruktions-, Planungs- und Produktionsabteilungen im Sinne eines "Simultaneous Engineering" [HONE 91] mit einer damit verbundenen Durchdringung mit computergestützten Planungshilfsmitteln [AMBO 92, MAIE 92, SCHU 92, HART 91, KOEP 91]. Durch den frühzeitigen Einsatz von Rechnerhilfsmitteln bereits in der Planungsphase von Produkt und Produktion können zum einen Fehler frühzeitig erkannt und beseitigt und zum anderen eine Verbesserung der Planungsqualität in Bezug auf Verkürzung von Entwicklungszeiten und Reduzierung manueller Tätigkeiten erzielt werden [FRÖH 93].

In Zukunft zwingt der steigende Wettbewerbsdruck zu einem intensiveren Gebrauch computergestützter Planungshilfsmittel in neuen Anwendungsgebieten. Einen innovativen Teilbereich des Computer Aided Engineering (CAE)-Umfeldes stellt die Computational Fluid Dynamics (CFD) zur Simulation strömungstechnischer Vorgänge dar. Erst die rasante Entwicklung der Computer-Hardware in den letzten Jahren (Abbildung 1.1) machte die numerische Strömungssimulation einem breiteren Anwenderspektrum als den traditionellen Hochtechnologien der Luft- und Raumfahrttechnik zugänglich [RÖDL 90].

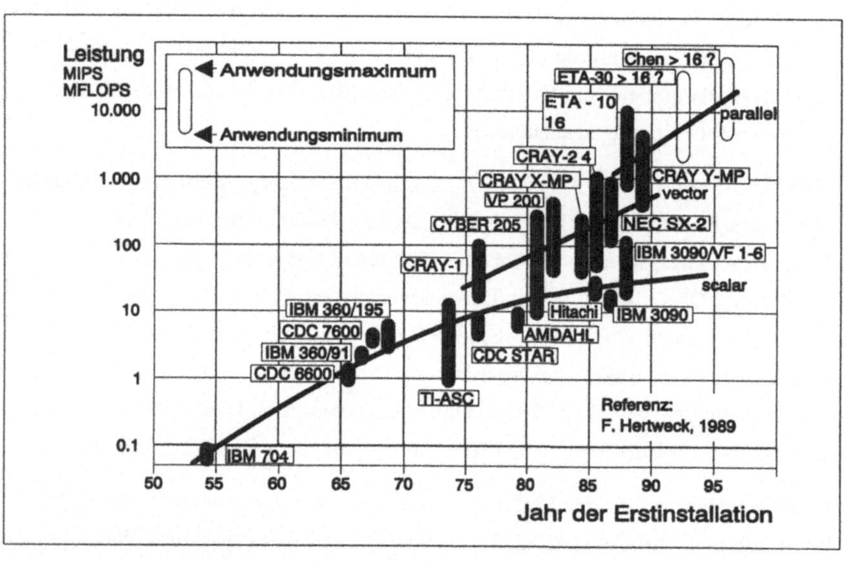

Abb. 1.1: Die Entwicklung der Supercomputer [HERT 89]

1.2 Strömungstechnische Problemfelder in der Produktionstechnik

1.2.1 Allgemeines

Strömungstechnische Problemstellungen sind aus praktisch allen Bereichen der Technik bekannt. So stellen beispielsweise im Bereich der Luft- und Raumfahrttechnik die Entwicklung von Gasturbinen bzw. das Ziel der Erreichung hoher Auftriebskräfte bei minimalem Strömungswiderstand hohe Anforderungen an die Kenntnis der vorherrschenden Strömungsverhältnisse [GLYN 92]. In der Automobilindustrie stellen die Optimierung des Fahrzeugdesigns in Hinblick auf einen minimalen Strömungswiderstand oder die Entwicklung eines geeigneten Ladungswechsels zur Reduktion des Schadstoffausstoßes und des Kraftstoffverbrauchs strömungstechnische Untersuchungspotentiale dar [BRAN 90]. Ebenso sind Strömungsprobleme in der Plastik- (z.B. Spritzgießen), Metall- (gieß- und metallurgische Vorgänge), Elektronik- (z.B. Computerkühlung, Reinstkristallherstellung), Energie- (z.B. Wärmetauscher), Nahrungsmittel- (z.B. Getränkeabfüllung) und Chemieindustrie (z.B. Mischungsvorgänge) sowie in der Umwelt- (z.B. Schadstoffausbreitung), Heizungs- und Klimatechnik (z.B. Rohrströmungen) sowie im Maschinenbau (z.B. hydraulische Maschinen) etc. anzutreffen [GLYN 92, ENGE 90, WOLF 91, SMM 92, GILL 92].

Ziele der strömungstechnischen Untersuchungen in den einzelnen Unternehmensbereichen sind in der Regel eine Produkt- bzw. Prozeßoptimierung, die in Form einer Steigerung der Produkt- bzw. Prozeßqualität bei Senkung des Kostenpotentials umgesetzt werden soll [SMM 92] sowie die Einhaltung sicherheitstechnischer Vorschriften [NÖLL 92].

In den meisten Fällen sind hierbei die Strömungsprobleme den Unternehmensbereichen Forschung, Entwicklung und Konstruktion zugeordnet. Im Bereich der Produktionstechnik können strömungsmechanische Problemstellungen im wesentlichen in zwei Bereiche eingeteilt werden [RÖDL 90] (Abbildung 1.2):

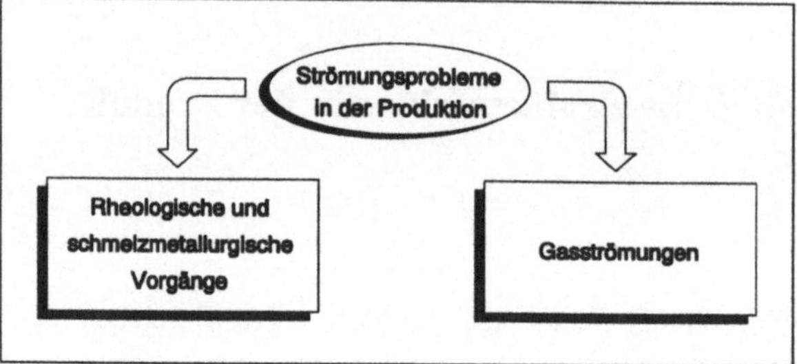

Abb. 1.2:
Strömungsprobleme in der Produktionstechnik

- Rheologische und schmelzmetallurgische Vorgänge (Prozeßindustrie), z.B. Hochofen-, Schmelz- und Gießprozesse.

- Gasströmungen, z.B. Absaugeeinrichtungen, Reinraumströmungen und Schadstoffausbreitungsvorgänge (Schweißen, chemische Laboratorien, Lackierhallen etc.).

Aufgrund gestiegener Anforderungen an die Qualität von Produkten sowie an den Umweltschutz müssen neuerdings in zunehmendem Maße Gasströmungen durch den Produktionssystemplaner berücksichtigt werden. Dies soll am Beispiel der Lasermaterialbearbeitung und der Reinraumtechnik im folgenden näher erläutert werden.

1.2.2 Immissionsminimierung bei der Lasermaterialbearbeitung

1.2.2.1 Grundlagen der Lasermaterialbearbeitung

Laser werden im Bereich der industriellen Produktionstechnik im verstärkten Maße für die Materialbearbeitung eingesetzt, wobei nahezu jede Art der thermischen Bearbeitung in Fertigung und Montage durchführbar ist [BALB 90]. So wird der Laser beispielsweise zum Schneiden, Schweißen, Oberflächenbehandeln etc. eingesetzt (Abbildung 1.3).

Kernstück einer jeden Laseranlage ist die Laserstrahlquelle. Sie setzt sich aus einem aktiven Medium, das die Laserstrahlung nach externer Anregung verstärkt und emittiert, einem Resonator, der das Licht bündelt und in einer Richtung ausstrahlt, sowie dem Kühlsystem, das die überschüssige Wärme abführt, zusammen. In der industriellen Lasermaterialbearbeitung werden als Strahlquellen hauptsächlich Gas- und Festkörperlaser eingesetzt, wobei hier das aktive Medium entweder aus einem Gas oder

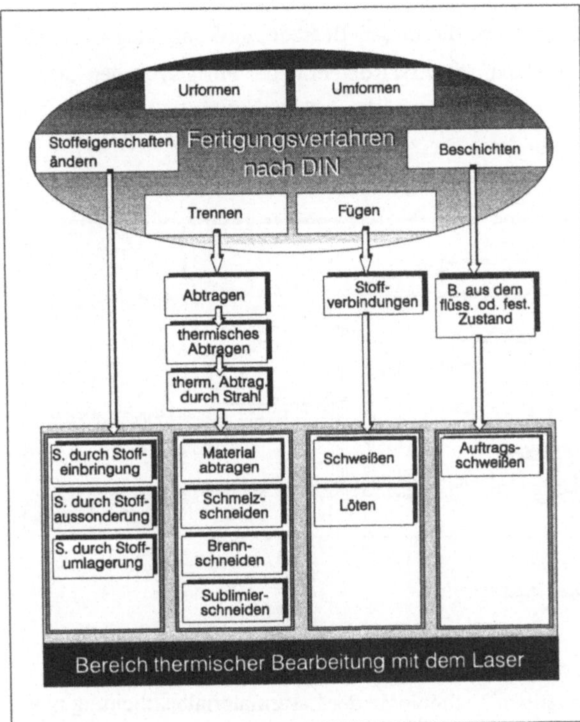

Abb. 1.3: Laser in der Materialbearbeitung [DIN 8580]

einem Festkörper besteht. Bei den Gaslasern sind CO_2- und Excimer-Laser am weitesten verbreitet, bei den Festkörperlasern finden die Nd:YAG-Laser die breiteste Anwendung [GARN 92, DAHM 93].

Nach der Erzeugung wird der Laserstrahl durch ein Strahlführungssystem, bestehend aus Spiegeln oder Lichtwellenleitern, an den Bearbeitungsort geführt. Dort erzeugt ein Strahlformungssystem, bestehend aus Linsen oder Spiegeln, die für das jeweilige Bearbeitungsverfahren notwendige Strahlgeometrie- und fokussierung.

Für die Lasermaterialbearbeitung sind Zusatzstoffe in Form von Prozeßgasen notwendig. So werden beim Schneiden je nach Verfahren Sauerstoff oder inerte Gase mit hohen Impulsen zum Austragen der Schlacke aus dem Schnittspalt verwendet, beim Schweißen kommen beispielsweise Schutzgase zum Einsatz. Die Gasstrahlformung erfolgt hierbei durch Gasdüsen, die in den Bearbeitungskopf integriert sind. Zusammen mit Handhabungsgeräten, wie z.B. Robotern oder Portalsystemen, sowie Peripheriegeräten, wie z.B. Absauganlagen, wird, wie beispielhaft in Abbildung 1.4 dargestellt, eine Laseranlage gebildet.

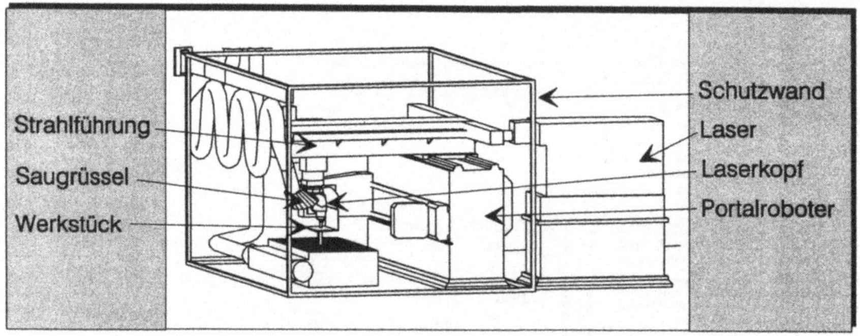

Abb. 1.4: Komponenten einer Laseranlage

1.2.2.2 Lasersicherheit

Bei der Beurteilung der innovativen Technologie der Lasermaterialbearbeitung müssen insbesondere Belastungen und Gefährdungspotentiale berücksichtigt werden [HAFE 92, BACH 88]. Einen Überblick über die bei der Lasermaterialbearbeitung für den Menschen ausgehenden Gefahren gibt Abbildung 1.5 [BALB 90] wieder.

	Belastungen	Gefährdungen
Peripherie (Absaugung, Kühlung, Drucklufterzeugung)	• Geräusch	
Bearbeitungsbereich	• Sekundärstrahlung	• toxische/krebserzeug. Werkstoff - Reaktionsprod. • toxisches Optikmaterial • Streustrahlung
Laseraggregat	• Geräusch	• Primärstrahlung • Hochspannung • Röntgenstrahlung • toxische Lasergase

Abb. 1.5:

Belastungen und Gefährdungen durch Laserbearbeitungssysteme [BALB 90]

Neben dem Laserstrahl selbst stellen hierbei die bei der Lasermaterialbearbeitung entstehenden Schadstoffe das größte Gefahrenpotential dar [ENGE 91]. Bei den Schadstoffen handelt es sich sowohl um gasförmige Giftstoffe als auch um Feinststäube. Je nach Bearbeitungsverfahren und Werkstoff besitzen 97 - 99 % der partikulären Emissionen einen aerodynamischen Durchmesser kleiner als 5 µm [VINK 90, HAFE 92] und sind somit voll lungengängig. Abbildung 1.6 zeigt die Ergebnisse von eigenen Untersuchungen zur Partikelgrößenverteilung beim Brennschneiden und Wärmeleitungsschweißen von 1mm St-37-Blech, die diese Aussage voll bestätigen.

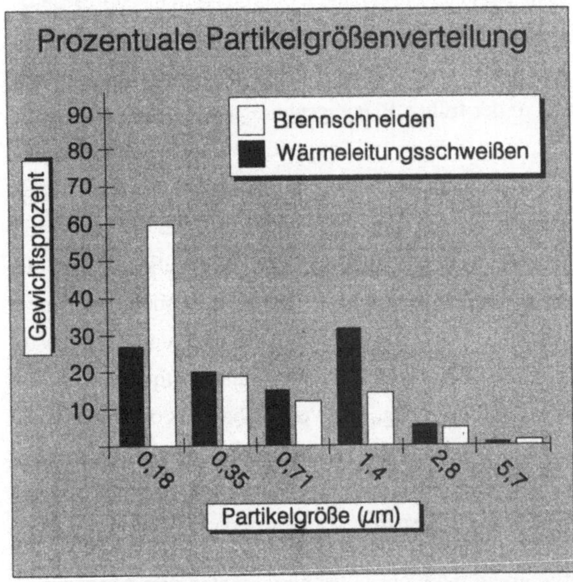

Abb. 1.6:
Partikelgrößenverteilungen beim Brennschneiden und Wärmeleitungsschweißen von 1 mm St-37-Blech

Um eine Gefährdung des Personals durch laserinduzierte Gefahrstoffe auszuschließen, existieren eine Vielzahl an Gesetzen, Verordnungen, Richtlinien und Normen, die den Umgang mit den Schadstoffen regeln. Diese sind in [DIER 93] zusammengefaßt. Für die atembaren Emissionen am Arbeitsplatz werden hierbei zwingend zusätzliche Präventivmaßnahmen, wie Filter- und Absaugtechniken, gefordert, worauf im folgenden näher eingegangen wird.

1.2.2.3   Planung und Einsatz von Absauganlagen

Absauganlagen bestehen im wesentlichen aus zwei Elementen, den Erfassungselementen und der Schadstoffabscheidung. Wesentlich für den Erfolg einer sicherheitstechnischen Präventivmaßnahme ist insbesondere die Güte der Schadstofferfassung. Grund hierfür ist, daß sich die Gesamtbelastung der Luft am Arbeitsplatz aus den Anteilen der nicht erfaßten und der nicht abgeschiedenen Schadstoffe zusammensetzt. Unzulänglichkeiten auf Seiten der Schadstofferfassung können demzufolge nicht mehr durch Abscheidungsmaßnahmen kompensiert werden [HÖLZ 89].

Für eine in Bezug auf Betriebskosten und Funktionalität optimierte Schadstoffbeseitigung sollten Erfassungseinrichtungen deshalb bereits vom Laseranlagenhersteller integriert werden. Dies erfordert für den Produktionssystemplaner Möglichkeiten der Auslegung von Absauganlagen in der frühen Planungsphase von Anlagen und somit Wissen über Schadstoffausbreitungsvorgänge und Saugfelder von Erfassungselementen. Hierfür stehen nur einfache analytische Berechnungsgleichungen für Luftgeschwindigkeiten von Erfassungselementen [DITT 85, VDI 3929, PFEI 84] sowie allgemein gefaßte Regeln zur Verfügung. So sollen bei der Lasermaterialbearbeitung die Schadstoffe möglichst schon am Entstehungsort abgesaugt werden, um deren Ausbreitung im Raum zu verhindern. Dies ermöglicht eine Reduzierung der Investitions- und Betriebskosten. Der freie Querschnitt zwischen Schadstoffquelle und Absaugquerschnitt ist möglichst gering zu halten, und vorgegebene Strömungen, z.B. Auftriebs- und Raumströmungen, sollten genutzt werden. Außerdem sollte der Aufenthaltsort des Menschen nicht zwischen Absaugung und Schadstoffquelle liegen [SCHU 91, GROT 91, SCHO 91, GILL 92, HERZ 91, KATT 91].

Für die Beurteilung und Optimierung möglicher Lösungsvarianten von Absaugkonzepten bereits in der Planungsphase von Lasersystemen fehlen also konkrete Richtlinien und Planungshilfsmittel, so daß heutzutage hauptsächlich Standardlösungen, wie z.B. Rüsselabsaugung, für die Schadstofferfassung verwendet werden. Diese sind meist nicht an das tatsächliche praktische Laserbearbeitungsproblem angepaßt und somit oftmals uneffektiv und aufgrund hoher Luftvolumenströme teuer.

1.2.3 Strömungstechnische Optimierung komplexer Reinraumfertigungen

Gestiegene Anforderungen an die Qualität und Zuverlässigkeit von Erzeugnissen verschaffen der Reinraumtechnik zunehmend Eingang in die verschiedensten Industriezweige. Reinraumtechnik bedeutet hierbei die Begrenzung und Kontrolle der Partikelzahl in einem Raum und die unmittelbare Abführung erzeugter Partikel, wobei je nach Organisation der Fertigungsabläufe entweder komplette Reinräume nach dem Laminar-Flow-System oder turbulent belüftete Reinräume mit lokalen Laminar-Flow-Arbeitsplätzen hoher Reinheit eingesetzt werden [FISC 91].

Die Halbleiterfertigung stellt die strengsten Anforderungen an Partikelanzahl und -größe innerhalb ihrer Produktionsumgebungen. Für hohe Reinheitsanforderungen kommt hierbei das Prinzip der vertikalen turbulenzarmen Verdrängungsströmung, bei der gefilterte Luft von der Decke des Reinraums mit einer konstanten Einlaßgeschwindigkeit von 0.3 - 0.5 m/s nach unten strömt und dabei zum gerichteten Abtransport der Partikel dient, am wirkungsvollsten zum Einsatz. Derzeitige Entwicklungen in der Halbleiterfertigung gehen bereits in Richtung 0,3 µm Strukturabmessungen, gleichbedeutend mit einer Killerpartikelgröße von etwa 0.03 µm. Ein solches Partikel ist so groß wie ungefähr das Zehntel der Wellenlänge von violettem Licht. Zudem ist mit zunehmender Integrationsdichte der Schaltkreise eine Erhöhung der Anzahl der notwendigen Prozeßschritte zu verzeichnen. Dies steigert die Komplexität der Halbleiterfertigung und damit die Empfindlichkeit gegenüber Einflüssen jeglicher Art.

Um eine Erhöhung der Produktqualitäten verbunden mit einer Produktivitätssteigerung zu erzielen, sind somit höchste Anforderungen an das System Reinraum zu stellen. Hierbei gewinnt insbesondere die strömungstechnische Optimierung von Reinraumfertigungen an Bedeutung. Ziel ist, durch eine strömungstechnisch günstige Gestaltung und Anordnung von Systemkomponenten und Produkten zu vermeiden, daß luftgetragene Partikel durch Querströmungen, Aufwärtsströmungen und Turbulenzen vom Entstehungsort zum Produkt gelangen und sich an diesem niederschlagen [ENGE 92].

Ein für den jeweiligen Spezialfall optimiertes Reinraumsystem kann am effektivsten erhalten werden, wenn die Betrachtung strömungstechnischer Maßnahmen bereits in der Konzeptionsphase von Reinraumproduktionen Eingang findet. Bei der Planung von Reinraumfertigungen ist es aufgrund der komplexen Interaktionen zwischen Luftströmung und Betriebsmitteln bzw. Menschen jedoch bislang sehr schwierig, verschiedene Maßnahmen bezüglich ihrer strömungstechnischen Wirkung zu untersuchen und zu bewerten. Einfache Modelle, die Überschlagsrechnungen bezüglich der optimalen Anordnung und Gestaltung von Produkten und Betriebsmitteln erlauben, stehen nicht zur Verfügung, und eine experimentelle Untersuchung und Optimierung anhand von Modellaufbauten während der Planungsphase ist aufwendig. Deshalb werden in der Praxis strömungstechnische Gesichtspunkte vom Produktionssystemplaner nur unzureichend berücksichtigt.

1.3   Ziel der Arbeit und Vorgehensweise

Abhilfe von dieser unbefriedigenden Planungssituation kann der Einsatz rechnergestützter Verfahren zur numerischen Simulation von Strömungs-, Wärme- und Stofftransportvorgängen schaffen. Der effiziente Einsatz der numerischen Strömungssimulation als Hilfsmittel zur Planung von Produktionssystemen nach strömungstechnischen Gesichtspunkten kann im Sinne eines "Simultaneous Engineering" dazu beitragen, mögliche Defizite bereits in einer frühen Planungsphase zu detektieren und zu beseitigen sowie Produktionsanlagen zu bewerten und zu optimieren.

Ausgehend von den bisherigen Ausführungen wird das Ziel der Arbeit abgeleitet. Es soll ein ganzheitlicher Ansatz zur effizienten strömungstechnischen Untersuchung von in Produktionssystemen auftretenden Gasströmungen mit Hilfe der numerischen Strömungssimulation entwickelt werden. Ziel ist die Konzeption eines Baukastensystems, das eine zeitoptimierte Simulationsmodellerstellung und Berechnungsdurchführung sowie eine einfache strömungstechnische Bewertung und Optimierung von Produktionssystemen ermöglicht. Hiermit soll ein Beitrag zur Verkürzung von Entwicklungszeiten, zur Steigerung der Planungs- und Produktionssystemqualität und zur Senkung von Planungs- und Betriebskosten geleistet sowie die weitere Rechnerdurchdringung in den Planungsabteilungen unterstützt werden. Zur Erreichung dieser Ziele wird die Vorgehensweise in fünf Arbeitsschritte untergliedert.

Zunächst soll der Stand der Technik beim Einsatz von numerischen Strömungssimulationshilfsmitteln erarbeitet werden (Kapitel 2). Ziel ist die Ableitung von Defiziten, die bisher eine Verwendung dieser Werkzeuge in der frühen Planungsphase von Produktionssystemen hemmen.

Ausgehend vom Stand der Technik soll anschließend ein Hilfsmittel für die Auswahl eines Strömungssimulationssystems erarbeitet werden (Kapitel 3). Neben der Ableitung spezifischer Bewertungskriterien in Hinblick auf die in der Produktion auftretenden Gasströmungen werden eine Marktanalyse ausgewählter Simulationssysteme, die sich an den Erfordernissen einer effizienten Simulationsdurchführung orientiert, durchgeführt und ein Simulationssystem ausgewählt.

In Kapitel 4 steht die Entwicklung eines modularen Baukastensystems auf Basis des ausgewählten Strömungssimulationssystems im Mittelpunkt der Betrachtungen. Hierbei sollen Hilfsmittel zur modularen Simulationsmodellerstellung, Berechnungsdurchführung, Produktionssystembewertung und -optimierung erarbeitet werden. Ziel ist die Konzeption und Realisierung eines simulationsbasierten, gesamtheitlichen Planungssystems für eine zeitoptimierte strömungstechnische Bewertung und Optimierung von Produktionssystemen.

Ziel des Kapitels 5 ist die Untersuchung und Optimierung strömungstechnischer Problemstellungen in Produktionssystemen mit Hilfe der entwickelten simulativen Planungsmethode. Anhand der Untersuchung und Optimierung zweier strömungstechnisch stark gegensätzlicher und mit unterschiedlichen Zielsetzungen versehenen Problemstellungen soll insbesondere die Übertragbarkeit und Allgemeingültigkeit der Strategie aufgezeigt werden. Das erste Anwendungsgebiet stellt die Absaugung von Schadstoffen bei der Lasermaterialbearbeitung mit dem Ziel der Immissionsminimierung dar. Die Strömungsverhältnisse sind hier durch hohe Geschwindigkeiten und Temperaturen geprägt. Es soll exemplarisch ein Absaugkonzept gestaltet und simulativ optimiert werden. Das zweite Anwendungsgebiet ist die strömungstechnische Optimierung komplexer Reinraumfertigungen mit dem Ziel der Minimierung der Produktkontamination. Die Strömungsverhältnisse sind in diesem Fall durch sehr niedrige Geschwindigkeiten gekennzeichnet. Die Planungsmethode soll auch hier an einem Praxisbeispiel verdeutlicht werden.

Die Bewertung des modularen Baukastensystems bildet den Schwerpunkt von Kapitel 6. Neben der Diskussion des Planungshilfsmittels ist das Ziel, die Grenzen des Einsatzes der numerischen Strömungssimulation aufzuzeigen.

2 Stand der Technik

2.1 Zielsetzung

Ziel dieses Kapitels ist die Analyse des Standes der Technik beim Einsatz von numerischen Strömungssimulationshilfsmitteln sowie die Ableitung von bestehenden Defiziten, die eine Verwendung dieser Werkzeuge in der frühen Planungsphase von Produktionssystemen hemmen.

2.2 Hilfsmittel für die strömungstechnische Optimierung von Produktionssystemen

Zunächst sollen die prinzipiellen derzeitigen Einsatzbereiche von experimentellen und simulativen Hilfsmitteln bei der strömungstechnischen Auslegung von Produktionssystemen untersucht werden.

2.2.1 Einsatz von Experimenten

Eine traditionelle Vorgehensweise zur strömungstechnischen Planung und Optimierung stellt der Einsatz von Experimenten in der frühen Planungsphase von Produkten und Anlagen dar. Je nach Problemstellung ist das Ziel die qualitative und quantitative Erfassung von Strömungsgrößen, wie z.B. Druck, Geschwindigkeit und Temperatur, zur Ableitung von Optimierungsmaßnahmen.

Zur quantitativen Detektion von Strömungsgrößen werden Apparaturen und Sensoren, wie z.B. Laser-Doppler-Anemometer [OLEJ 92], Flügelradanemometer bzw. Hitzdrahtsonden [DEGE 92] zur Geschwindigkeits- und Turbulenzgradbestimmung, Kondensationskernzähler und Streulichtverfahren zur Partikelkonzentrationsmessung [ENGE 92] bis hin zu einfachen Thermoelementen und Manometern zur Temperatur- und Druckbestimmung [BEIT 90], eingesetzt. Allerdings ist der Einsatz von quantitativen Methoden bei vielen Problemstellungen zu aufwendig, somit unwirtschaftlich und darüberhinaus fehlerbehaftet [DEGE 92].

Alternativ bzw. ergänzend stehen qualitative Verfahren zur Strömungssichtbarmachung, wie z.B. die Rauchdraht-Technik [FISC 91], das Laser-Lichtschnitt-Verfahren [SCHM 86] bzw. Thermographieverfahren [MONT 86], zur Verfügung.

Die experimentelle Planung ist geprägt durch den Bau von Modellen bzw. Prototypen, die Messung von Strömungsgrößen und die iterative Änderung von Modellparametern bis zum Erreichen der optimalen Bauteilform bzw. Anlagenkonfiguration. Dieses, in Abbildung 2.1 dargestellte, iterative Vorgehen ist aber zeitaufwendig, material- und personalintensiv, begründet in der Realisierung von Versuchsmodellen, der Ausführung von Messungen sowie der Auswertung und Darstellung der Ergebnisse und ist deshalb in der Konzeptphase von Produktionssystemen kaum durchführbar [MILB 91]. Weiterhin sind viele Einblicke in produktionstechnische Vorgänge, z.B. beim Spritzgießen, auf experimentellem Wege nur schwer oder überhaupt nicht zu erlangen [RÖDL 90], und eine ganzheitliche experimentelle Erfassung der Strömungsgrößen im Raum ist aufgrund der Verwendung von diskreten Meßpunkten extrem aufwendig.

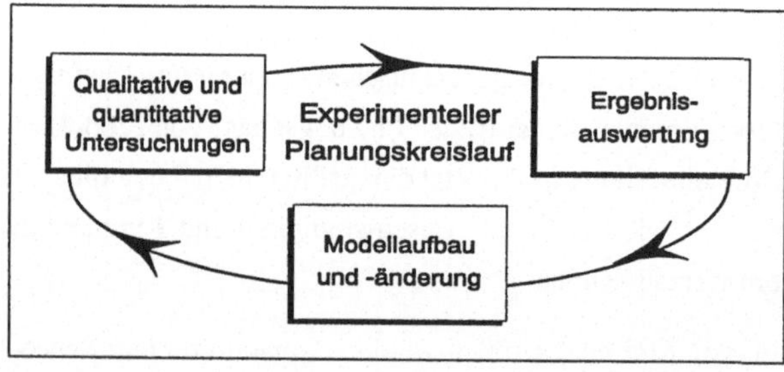

Abb. 2.1: Experimentelle strömungstechnische Planung

2.2.2 Einsatz von Strömungssimulationswerkzeugen

Um die Nachteile des experimentellen Planungsvorgehens auszugleichen, wurde in den letzten Jahren verstärkt dazu übergegangen, computergestützte Systeme für die Simulation von Strömungs-, Wärme- und Stofftransportvorgängen industriell einzusetzen. Dies wurde durch die dynamische Computerentwicklung ermöglicht, die mittlerweile eine Berechnung auch relativ komplexer Strömungsprobleme auf einer

Workstation anstatt auf einem Supercomputer erlaubt [CAVA 90, HUCH 89]. Ziel des Einsatzes von Simulationswerkzeugen ist eine Reduktion der Entwicklungskosten und -zeiten [FAWC 91, RÖDL 90] durch Reduzierung aufwendiger Versuche an Musterteilen und Prototypen [WÜBK 91] mit einer damit verbundenen Steigerung der internationalen Wettbewerbsfähigkeit [SMM 92]. Der Einsatz von Simulationswerkzeugen erhöht insbesondere das Potential für Produkt- und Prozeßoptimierungen, da eine Geometrie- oder Randbedingungsänderung im Rechenmodell in der Regel schneller realisiert werden kann als beim realen Prototypen [FAWC 91]. Experimente werden allerdings zur Verifikation der Simulationsergebnisse in Form von Benchmark-Untersuchungen benötigt und eingesetzt [CONN 92].

Folgende industrielle Problemstellungen sind beispielsweise Gegenstand intensiver simulationstechnischer Untersuchungen:

- Luft- und Raumfahrttechnik: Modellierung von Auftriebsströmungen [HUCH 89] und Verbrennungsvorgängen in Gasturbinen [GLYN 92], Berechnung von Kabineninnenströmungen [ABOO 92].
- Automobilindustrie: Auslegung von Verbrennungsmotoren [BRAN 90], Bestimmung von Widerstandsbeiwerten [SEIF 88], Auslegung von Klimaanlagen und Berechnung von Strömungen im Fahrgastraum [EISE 92].
- Elektronikindustrie: Reinstkristallherstellung [BENN 88], Oberflächenbeschichtung [PRES 92] und Computerkühlung [GLYN 92].
- Maschinenbau: Auslegung thermischer Maschinen, wie z.B. Gasturbinen [NOVA 92, MAYE 91], Berechnung von Hydraulik- [VU 90] und Pneumatikkomponenten [BERG 92].
- Chemieindustrie: Auslegung von Ventil- und Rohrleitungssystemen [SMD 92], Berechnung von Mischungsvorgängen [FAWC 91].
- Umwelttechnik: Analyse von globalen und lokalen Schadstoffausbreitungsvorgängen [ZUBA 92, BARC 90].
- Architektur: Analyse von Gebäudeumströmungen [MURA 90].
- Schiffahrt: Bestimmung von Widerstandsbeiwerten von Schiffen [FORD 92].

- Energietechnik: Auslegung von Wärmetauschern, Dampfgeneratoren etc.
  [GLYN 92, MICH 92].

Im Bereich der Produktionstechnik sind bisher hauptsächlich Untersuchungen aus der Prozeßtechnik bekannt, wie die Simulation von Füllvorgängen [DYCK 92], die Untersuchung von Spritzgußprozessen [VEIT 91, TANG 91, CARE 91, WÜBK 91], Flammspritzprozessen [KNOT 91] und Prozeßuntersuchungen bei der Stahlherstellung [RÖDL 90, PRES 89, LONS 92]. Hier ist der Stand der Simulationstechnik bereits weit fortgeschritten und durch die Verwendung von speziell zugeschnittenen Programmpaketen geprägt.

Für die Berechnung der in der Produktion auftretenden Gasströmungen (vgl. Abschnitt 1.2) sind nur wenige spezielle Untersuchungen bekannt. So wurde die Möglichkeit der Berechnung von Raumluftströmungen am Beispiel einer untersuchten Flugzeuglackierhalle von [BRUN 89] aufgezeigt. Bei Schmelz- und Reaktionsprozessen auftretende Schadstoffkonzentrationen wurden beim Aluminiumschmelzen [WOLF 91] und in chemischen Laboratorien [SAMI 92] simuliert. Globale Luftströmungen im Reinraum sowie die Umströmung von Fertigungsgeräten wurden von [LANG 90, BUSN 88, FISC 91] numerisch berechnet. All diese Untersuchungen stellen lediglich Einzeluntersuchungen dar, die für spezielle Anwendungsfälle die prinzipielle Einsetzbarkeit der numerischen Strömungssimulation aufzeigen. Es existieren keine ganzheitlichen, industrietauglichen Richtlinien für die effiziente strömungstechnische Optimierung von Produktionssystemen mit Hilfe der numerischen Strömungssimulation, so daß deren Einsatz als industrielles Planungshilfsmittel noch enge Grenzen gesteckt sind.

2.3 Grundlagen der numerischen Strömungssimulation

In diesem Abschnitt sollen die Grundlagen sowie der Stand der Technik der numerischen Simulation von Gasströmungen erarbeitet sowie in Bezug auf industrielle Anwendungskriterien für die Auslegung von Produktionssystemen analysiert werden.

2.3.1 Zugrundeliegende physikalische Modellgleichungen

Die in der Produktion auftretenden Gasströmungen sind im wesentlichen dreidimensionaler und aufgrund von Bewegungsvorgängen instationärer Natur [FISC 91]. Es handelt sich um reibungsbehaftete, turbulente Strömungsvorgänge [BRUN 89], verbunden mit Kompressibilitätseffekten bei hohen Strömungsgeschwindigkeiten, wie z.B. bei Düsenströmungen [TRUC 88]. Grundlage für die Beschreibung derartiger Strömungen bilden die Kontinuitäts- sowie die Navier-Stokes- (Impuls-) Gleichungen [BURN 89], die das physikalische Verhalten mathematisch wiedergeben.

Bei thermischen Bearbeitungsverfahren bzw. bei Auftreten örtlicher Wärmequellen treten Wärmetransportvorgänge sowohl in den Gasen als auch in den bearbeiteten Medien auf [HÖLZ 81], was durch den 1. Hauptsatz der Thermodynamik (Energiegleichung) beschrieben werden kann. Hinzu kommen Stofftransportvorgänge, die einerseits auf die Mischung von Gasen, wie z.B. bei der Verwendung von Schutzgasen beim Schweißen [HÖLZ 81], andererseits auf die Anwesenheit von Partikeln bzw. Schadstoffen in der Luft, wie z.B. in der Reinraumtechnik [DEGE 92] oder bei der thermischen Materialbearbeitung [HAFE 92], zurückzuführen sind (vgl. Abschnitte 1.2.2 und 1.2.3). Derartige physikalische Effekte können durch skalare Mischungsgleichungen [KARE 90] sowie durch Interaktionsgleichungen einzelner Partikel mit dem Gas [HINZ 75] mathematisch beschrieben werden. Eine Zusammenfassung der wichtigsten Basisgleichungen gibt Abbildung 2.2 wieder.

Diese Gleichungen stellen ein System aus nichtlinearen gekoppelten partiellen Differentialgleichungen dar, deren Lösung nur auf numerischem Wege erzielt werden kann. Ist dies für den Fall laminarer Strömungen noch relativ problemlos möglich, so ist eine Lösung für in der Produktion auftretende praktisch relevante, turbulente Strömungen wegen der sehr weiten Bereiche der zeitlichen und räumlichen Maßstäbe der turbulenten Schwankungen mit der heutigen Computertechnik nicht erreichbar [LESC 91]. Die Gleichungen werden deshalb entsprechend einer statistischen Betrachtungsweise einem zeitlichen Mittelungsprozeß unterworfen, indem die Strömungsgrößen in Mittel- und Schwankungswerte aufgespalten werden (z.B. $u = \bar{u} +$

Kontinuitätsgleichung:

$$\frac{\partial \rho}{\partial t} + \frac{\partial}{\partial x_j}\,(\rho u_j) = 0$$

Energiegleichung:

$$\frac{\partial}{\partial t}\,(\rho\,(c_v T + \frac{u_i u_i}{2}\,)) + \frac{\partial}{\partial x_j}\,(\rho\,u_j\,(c_v T + \frac{u_i u_i}{2}\,)) + \frac{\partial}{\partial x_j}\,(\rho\,u_j) =$$

$$\frac{\partial}{\partial x_j}\,(\lambda \frac{\partial T}{\partial x_j}\,) + \rho\,g_j u_j + \frac{\partial}{\partial x_j}\,(\tau_{ij} u_i\,) + \rho\,S_E$$

Navier-Stokes-Gleichung:

$$\frac{\partial}{\partial t}\,(\rho\,u_i) + \frac{\partial}{\partial x_j}\,(\rho\,u_j u_i) = \rho\,g_i - \frac{\partial p}{\partial x_i} +$$

$$\frac{\partial}{\partial x_j}\,[\,\eta\,(\frac{\partial u_i}{\partial x_j} + \frac{\partial u_j}{\partial x_i}\,) - \frac{2}{3}\frac{\partial u_k}{\partial x_k}\,\delta_{ij}\,] + S_u$$

Stofftransportgleichung:

$$\frac{\partial}{\partial t}\,(\rho\,Y_i) + \frac{\partial}{\partial x_j}\,(\rho\,u_j Y_i) = \frac{\partial}{\partial x_j}\,(\rho\,D \frac{\partial Y_i}{\partial x_j}\,) + S_i$$

Abb. 2.2: Kontinuitäts-, Energie-, Impuls- und Stoffgleichungen

u', $T = \overline{T} + T'$, mit $\overline{u'} = \overline{T'} = 0$). Die zerlegten Variablen werden in die Erhaltungsgleichungen substituiert, was am Beispiel der Navier-Stokes-Gleichung zur gemittelten Reynolds-Gleichung führt, die exemplarisch in Abbildung 2.3 dargestellt ist.

Reynolds-Gleichung:

$$\frac{\partial}{\partial t}\left(\overline{\rho\,u_i}\right) + \frac{\partial}{\partial x_j}\left(\overline{\rho\,u_j\,u_i}\right) = \overline{\rho\,g_i} - \frac{\partial \overline{p}}{\partial x_i} +$$

$$\frac{\partial}{\partial x_j}\left[\eta\left(\frac{\partial \overline{u_i}}{\partial x_j} + \frac{\partial \overline{u_j}}{\partial x_i}\right) - \overline{\rho\,u_j'\,u_i'} - \frac{2}{3}\frac{\partial \overline{u_k}}{\partial x_k}\delta_{ij}\right] + S_u$$

Abb. 2.3: Reynolds-Gleichung

Infolge der Mittelung entstehen insgesamt 9 voneinander unabhängige zusätzliche Unbekannte, namentlich die Terme $\overline{\rho\,u_j'u_i'}$ sowie $\overline{\rho\,c_v\,u_i'T'}$, womit das gemittelte Gleichungssystem nicht mehr geschlossen ist, was dem sogenannten Schließungsproblem der Turbulenz entspricht [LAKS 91]. Im Falle der Impulserhaltung werden die zusätzlichen Terme als Spannungen interpretiert und als Reynoldsspannungen bezeichnet.

Zur Lösung werden Turbulenzmodelle verwendet, wobei prinzipiell zwischen Wirbelviskositäts- und Reynoldsspannungsmodellen zu unterscheiden ist [LAUN 72].

Wirbelviskositätsmodelle basieren auf der Annahme, daß die Reynoldsspannungen direkt proportional zu den Gradienten der gemittelten Strömungsparameter sind und somit in den gemittelten Erhaltungsgleichungen substituiert werden können. Dies geschieht durch die Einführung der turbulenten Viskosität, einer statistischen nichtkonstanten Impulsaustauschgröße, mit Hilfe derer die Reynoldsspannungen als zusätzliche Diffusionsterme dargestellt werden können. Zur Lösung der resultierenden Gleichungen, am Beispiel der Navier-Stokes-Gleichung in Abbildung 2.4 dargestellt, ist demzufolge nur noch die Ermittlung der Wirbelviskosität η_t erforderlich.

Je nach Anzahl verwendeter Transportgleichungen zur Berechnung der Wirbelviskosität wird zwischen Null-, Ein- und Zweigleichungsmodellen unterschieden [LAKS 91]. Während dem Nullgleichungs-Turbulenzmodell die Prandtl'sche Mischungsweghypothese zugrunde liegt, werden in den Eingleichungsmodellen halbempirische

---

<u>Resultierende Navier-Stokes-Gleichung:</u>

$$\frac{\partial}{\partial t}\left(\overline{\rho\, u_i}\right) + \frac{\partial}{\partial x_j}\left(\overline{\rho\, u_j\, u_i}\right) = \overline{\rho\, g_i} - \overline{\frac{\partial \bar{p}}{\partial x_i}} +$$

$$\frac{\partial}{\partial x_j}\left[\,(\eta + \eta_t)\,(\frac{\partial \overline{u_i}}{\partial x_j} + \frac{\partial \overline{u_j}}{\partial x_i}) - \frac{2}{3}\frac{\partial \overline{u_k}}{\partial x_k}\,\delta_{ij}\,\right] + S_u$$

Abb. 2.4: Resultierende Navier-Stokes-Gleichung nach Einführung der Wirbelviskosität

Ansätze zur Lösung der Geschwindigkeitsterme gebildet [SCHÖ 90]. Diese Modelle sind in ihrem Anwendungsbereich nur auf sehr einfache Strömungsfelder begrenzt [LAKS 91], weshalb für die industrielle Anwendung bei komplexen Strömungen aus dem Bereich der Wirbelviskositätsmodelle hauptsächlich Zweigleichungsmodelle verwendet werden [LESC 89].

Den wichtigsten Vertreter der Zweigleichungsmodelle stellt das k-ε-Modell von LAUNDER und SPALDING [LAUN 72] (Abbildung 2.5) dar. Hierbei wird die turbulente Viskosität aus der turbulenten kinetischen Energie der Schwankungsgeschwindigkeiten (k), der Dissipation der turbulenten kinetischen Energie (ε) und aus empirischen Konstanten bestimmt. Das k-ε-Modell hat sich bei einer Reihe technischer Strömungsprobleme bewährt [FISC 91, BRUN 89, BERG 92, LAUR 90] und ist aufgrund seiner Einfachheit, Praktikabilität und Stabilität das am weitesten verbreitete Turbulenzmodell [LESC 89]. Schwächen erweisen sich allerdings bei der Berechnung dreidimensionaler Strömungserscheinungen, bei komplexen Strömungsproblemen mit anisotropen Feldbereichen [LAKS 91, RODI 91] sowie im wandnahen Bereich, weshalb dort gewöhnlich logarithmische Wandfunktionen eingesetzt werden [FLET 88].

Ein Ausgleich dieser Nachteile kann nur durch die Verwendung von direkten Reynoldsspannungsmodellen geschaffen werden. Hierbei werden die in den gemittelten

<u>Gleichungen des k-ε-Modells nach LAUNDER und SPALDING:</u>

turbulente kinetische Energie: $k = \dfrac{1}{2} \, \overline{(u\,')^2 + (v\,')^2 + (w\,')^2}$

$$\overline{\rho u}\,\frac{\partial k}{\partial x} + \overline{\rho v}\,\frac{\partial k}{\partial y} + \overline{\rho w}\,\frac{\partial k}{\partial z} =$$

$$G\,\eta_t - \rho\varepsilon + \frac{\partial}{\partial x}\left(\frac{\eta_t}{\sigma_k}\frac{\partial k}{\partial x}\right) + \frac{\partial}{\partial y}\left(\frac{\eta_t}{\sigma_k}\frac{\partial k}{\partial y}\right) + \frac{\partial}{\partial z}\left(\frac{\eta_t}{\sigma_k}\frac{\partial k}{\partial z}\right)$$

turbulente Dissipationsenergie:

$$\overline{\rho u}\,\frac{\partial \varepsilon}{\partial x} + \overline{\rho v}\,\frac{\partial \varepsilon}{\partial y} + \overline{\rho w}\,\frac{\partial \varepsilon}{\partial z} =$$

$$G\,C_1\,\eta_t\,\frac{\varepsilon}{k} - C_2\,\rho\,\frac{\varepsilon^2}{k} + \frac{\partial}{\partial x}\left(\frac{\eta_t}{\sigma_\varepsilon}\frac{\partial \varepsilon}{\partial x}\right) + \frac{\partial}{\partial y}\left(\frac{\eta_t}{\sigma_\varepsilon}\frac{\partial \varepsilon}{\partial y}\right) + \frac{\partial}{\partial z}\left(\frac{\eta_t}{\sigma_\varepsilon}\frac{\partial \varepsilon}{\partial z}\right)$$

wobei G einen Quellterm darstellt

Die turbulente Viskosität berechnet sich aus:

$$\eta_t = C_\eta\,\rho\,\frac{k^2}{\varepsilon}$$

Abb. 2.5: k-ε-Modell nach LAUNDER und SPALDING

Erhaltungsgleichungen (siehe Abbildung 2.3) auftretenden unbekannten Terme mit Hilfe von partiellen Differentialgleichungen modelliert [BURN 89]. Derzeitiges Hauptanwendungsgebiet liegt in der Simulation von Auftriebserscheinungen, stark gekrümmten Strömungen, Ablösungserscheinungen und Rotationsströmungen [RODI 91, LAKS 91]. Ein Nachteil ist der mit den Modellen verbundene hohe Rechenaufwand, der derzeit eine Anwendung der Reynoldsspannungsmodelle auf sehr einfache Strömungen begrenzt [LAKS 91].

2.3.2   Diskretisierungsverfahren

Eine analytische Lösung der zugrundeliegenden Differentialgleichungen ist für praxisrelevante Strömungen nicht möglich. Es werden deshalb numerische Näherungsmethoden verwendet, die alle auf einer Diskretisierung des zu untersuchenden Strömungsraumes, d.h. einer Aufteilung in kleine Kontrollvolumina, finite Elemente oder Gitterpunktnetze, beruhen. Gleichzeitig werden die Modellgleichungen mit Hilfe von Taylorreihen, Polynominterpolation etc. durch die aus der räumlichen Diskretisierung entstehenden Stützstellen approximiert, wobei große lineare, dünn besetzte Gleichungssysteme entstehen, die durch geeignete Algorithmen gelöst werden können [SCHE 91, PATA 80]. Es existieren ein Reihe industriell eingesetzter Diskretisierungsverfahren, die in einem Überblick in Abbildung 2.6 dargestellt sind.

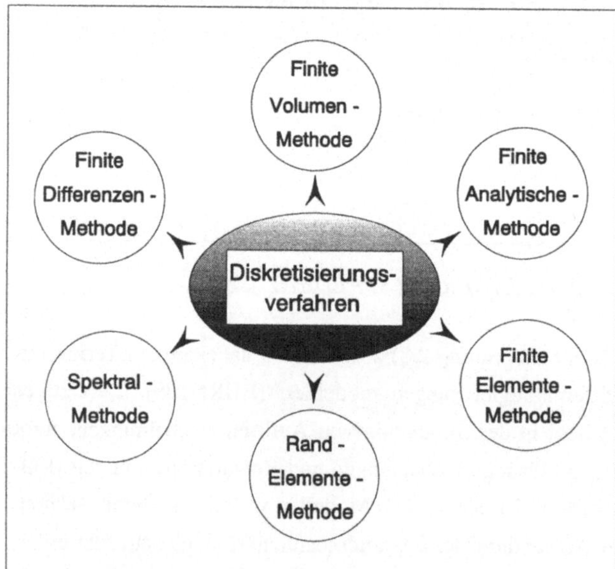

Abb. 2.6:
Überblick über
Diskretisierungs-
verfahren

Die an die Diskretisierungsverfahren gestellten Anforderungen lassen sich aufteilen in [SCHE 91]:

•   Genauigkeit des Näherungsansatzes und der Geometriedarstellung

- richtige Wiedergabe physikalischer Effekte
- Konsistenz und Stabilität bzw. Konvergenzneigung
- Einfachheit zur Erzielung geringer Rechenkosten

Für die Lösung industrieller dreidimensionaler Navier-Stokes-Probleme hat sich bezüglich der Erfüllung der Anforderungen der Einsatz von Finite-Volumen- und Finite-Elemente-Methoden durchgesetzt [LAUR 90]. Im wesentlichen unterscheiden sich diese beiden Methoden durch die Wahl des Näherungsansatzes sowie durch die Geometriediskretisierung.

Die **Methode der Finiten Volumen (FV)** ist durch eine Zerlegung des Raumes in finite Volumina mit einer damit verbundenen Integration der Differentialgleichungen über diese Volumina gekennzeichnet. Hierbei entstehen exakte Integro-Differentialgleichungen, die durch Einführung von stückweisen Polynomen zur direkten Diskretisierung der Ableitungen approximiert werden [PATA 80]. Die Integration der Erhaltungsgleichungen gehorcht dem physikalischen Erhaltungsprinzip, wobei die in und aus dem Integrationsgebiet, also den finiten Volumina, fließenden Flüsse im Gleichgewicht stehen. Derartige Verfahren sind physikalisch konservativ, sie geben also die zugrundeliegende Physik gut wieder [SCHÖ 90]. Mit dem Vorteil der physikalischen Plausibilität sind allerdings Nachteile bezüglich der Flexibilität der Geometriedarstellung verbunden. Prinzipiell können numerische Gitter in strukturierte, blockstrukturierte und unstrukturierte Gitter eingeteilt werden [KESS 91] (Abbildung 2.7).

Abb. 2.7: Einteilung numerischer Gitter

Die Geometrieflexibilität nimmt hierbei von links nach rechts zu. Bei der Finiten-Volumen-Methode werden aufgrund der notwendigen logischen Nummerierung der Volumina nur strukturierte bzw. block-strukturierte Gitter verwendet, die allerdings durch ihre einfache Datenstruktur die Anwendung effizienter Lösungsmethoden erlauben [FLET 88, PATA 80].

Die **Methode der Finiten Elemente (FE)** basiert auf einer Überführung der Erhaltungsgleichungen in eine äquivalente Integralform mit Hilfe der Energiemethode oder der Methode der gewichteten Residuen [REDD 84]. Im Gegensatz zur Methode der Finiten Volumen werden hier nicht die Ableitungen sondern die gesuchten Strömungsgrößen direkt mit Hilfe von Polynomen approximiert. Somit handelt es sich nicht um ein fluß-orientiertes Verfahren, was den Nachteil der Nichtkonservativität mit sich bringt [SCHN 86]. Vorteil des verwendeten Näherungsansatzes ist die Möglichkeit der Verwendung unstrukturierter Netze, die eine hohe Geometrieflexibilität erlaubt. Hieraus ergibt sich eine indirekte Adressierung der finiten Elemente im resultierenden Gleichungssystem, so daß aufwendigere Lösungsmethoden erforderlich sind, die im Schnitt zu längeren CPU-Zeiten führen [SCHE 91].

Bei beiden Methoden ist eine Erhöhung der Genauigkeit durch die Verwendung höherwertiger Polynome zur Approximation der Erhaltungsgleichungen bzw. durch kleinere Element- bzw. Volumengrößen erreichbar.

In den vergangenen Jahren wurde dazu übergegangen, die Vorteile der Finite-Volumen- und der Finite-Elemente-Methode zu kombinieren, was zu sogenannten hybriden FE/FV-Methoden führte [LESC 89]. Mittlerweile ist der Trend ersichtlich, daß sich die FE- und die FV-Verfahren durch Adoption der jeweiligen Vorteile des anderen Verfahrens sehr stark annähern [CONN 92] und somit beide für den industriellen Einsatz gut geeignet sind.

Die weitere Analyse des Standes der Technik orientiert sich an der traditionellen Vorgehensweise bei Simulationsrechnungen, die sich in die Bereiche Modell- und Gittergenerierung (Preprocessing), Berechnungsdurchführung (Processing) sowie Ergebnisauswertung (Postprocessing) einteilen läßt [BRAN 90] (Abbildung 2.8).

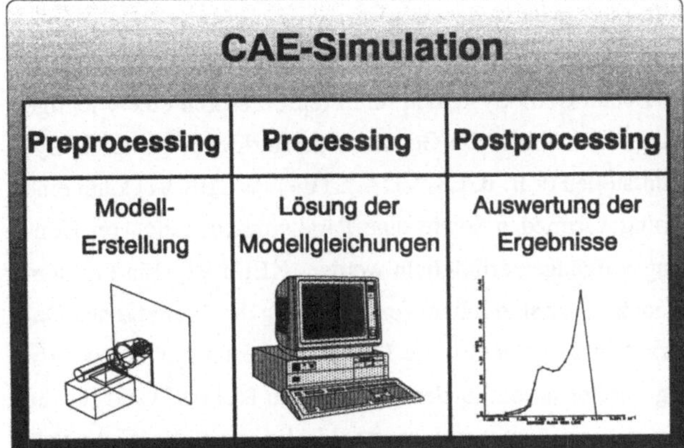

Abb. 2.8:
Vorgehensweise
bei Simulations-
rechnungen

2.3.3 Modellerstellung - Preprocessing

Die Modellerstellung und Gittergenerierung nimmt im Rahmen einer Simulationsdurchführung bis zu 80 % der benötigten Zeit ein [WOLF 91, BETT 90] und stellt somit den größten Hemmschuh für die Integration der Strömungssimulation in den industriellen Planungsprozeß dar [RIEG 92].

Die Modellerstellung ist im wesentlichen durch ein dreistufiges Vorgehen gekennzeichnet (Abbildung 2.9). Nach der Erstellung der Geometrie des zu simulierenden
Strömungsgebietes wird das Rechengitter durch Diskretisierung der Raumgeometrie
erzeugt. Anschließend werden die auftretenden Strömungsrandbedingungen, wie z.B.
Absauggeschwindigkeiten, und Anfangsbedingungen, wie z.B. Anfangstemperatur,
eingebracht.

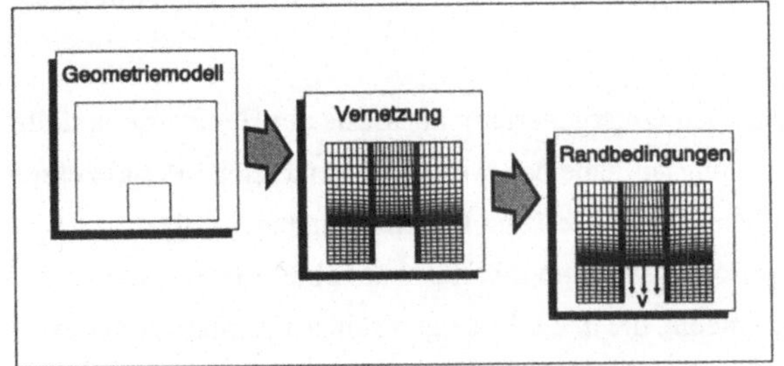

Abb. 2.9:
Vorgehensweise bei
der Modellerstellung

Für die **Geometrieerstellung** stehen entweder simulationssystemeigene Preprozessoren oder CAD-Systeme zur Verfügung, wobei im Sinne eines "Simultaneous Engineering" der Kopplung zwischen CAD-Systemen und Preprozessoren eine wichtige Rolle zukommt. Durch eine Übernahme von Geometriedaten direkt vom CAD-System durch genormte Schnittstellen (z.B. IGES, VDA, STEP) [WÜBK 91] kann eine redundante Datengenerierung vermieden sowie eine Parallelbearbeitung von Konstruktions- und Berechnungsvorgängen ermöglicht werden [KEIM 92]. Ein Problem besteht hierbei allerdings noch in der sinnvollen Vereinfachung der übertragenen Daten. Für die Simulation sind viele geometrische Details in Bezug auf deren strömungstechnische Wirkung unrelevant und bedeuten nur einen Mehraufwand für die Berechnung. Systeme für die berechnungsorientierte Idealisierung der Geometrie existieren nicht [UNRU 92], so daß der Berechnungsingenieur zur manuellen Vereinfachung der Geometriedaten gezwungen ist.

Für die **Gittergenerierung** auf Basis des Geometriemodells werden verschiedene Vorgehensweisen vorgeschlagen. Hilfsmittel zur halbautomatischen Gittergenerierung sind bereits weit entwickelt und verbreitet. In der Regel werden an den Rändern der Geometrie Knotenverteilungen festgelegt, die anschließend mit Hilfe von Netzgenerierungsparametern und -algorithmen halbautomatisch die Netze auf den Flächen und im Volumen erzeugen [BERG 92]. Eine Erweiterung dieser Vorgehensweise ist die Bildung von Blockmakrostrukturen mit festgelegten Punkteverteilungen auf den Blockkanten. Hierbei muß die Blockgeometrie nur grob mit der realen Geometrie übereinstimmen. Die virtuelle Netzstruktur wird dann nach Festlegung von Verknüpfungsparametern auf die reale CAD-Geometrie projiziert. Hierdurch kann eine Entkoppelung der Gittergenerierung von der CAD-Erstellung erreicht werden [KEIM 92]. Der Aufwand für die Erstellung der virtuellen Netzstruktur bleibt allerdings erhalten.

Der Bereich der vollautomatischen Gittergenerierer auf Basis der Geometriemodelle stellt derzeit eine aktive Forschungsaufgabe dar, weshalb kommerzielle Preprozessoren nur in eingeschränktem Maße über derartige Funktionalitäten verfügen [GÜRS 92]. Automatische Gittergenerierungsverfahren beruhen auf einer sukzessiven Zerlegung der Geometrie in Teilelemente, die in die Erzeugung eines unstrukturierten Netzes resultiert [UNRU 92]. Beschränkungen bestehen hauptsächlich in sehr langen CPU-Zeiten, unzureichender Effizienz und Zuverlässigkeit für komplexe Geometrien [BAKE 89, GÜRS 92] sowie in Genauigkeitsproblemen bei der Verwendung einfach zu implementierender Verfahren (z.B. Delaunay-Verfahren) [PEEK 89]. Vollautomatische Modellgenerierer werden bei der Finite-Elemente-Methode für einfache 3D-Geometrien vereinzelt angewandt [LÖHN 92], für komplex berandete Räume ist aber ein industrieller Einsatz in absehbarer Zeit nur bedingt zu erwarten [PEEK 89]. Ein weiterer Problempunkt bei der automatischen Netzgenerierung ist die Berücksichtigung von Bereichen hoher Strömungsgradienten, z.B. an Düsenauslässen, Ablösestellen etc.. Aus Genauigkeits- und Rechenzeiterfordernissen sind in diesen Bereichen Modellverfeinerungen vorzusehen, was entweder durch eine globale Verfeinerung des Rechengitters, durch lokale Netzverfeinerungen oder durch Verwendung höherwertiger Approximationsfunktionen geschehen kann [COEL 91, BHAR 91]. Hierzu ist die Kenntnis der Strömungsphysik sowie eine große Erfahrung des Planers notwendig, was den Einsatz automatischer Gittergenerierer in der Regel verbietet.

Durch die Entwicklung von adaptiven Netzgenerierungsverfahren wird versucht, diesen Problempunkt zu entschärfen. Die adaptiven Verfahren basieren auf einer numerischen Abschätzung des Lösungsfehlers im Rechengebiet mit einer damit verbundenen Detektion der Orte größter Strömungsgradienten und anschließender iterativer Modellverbesserung in diesen Bereichen (Abbildung 2.10).

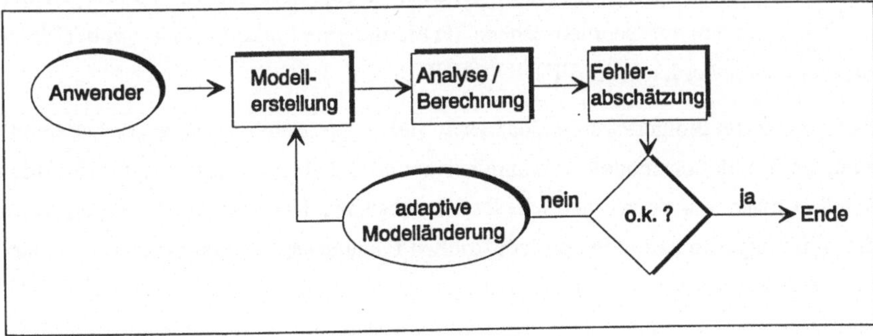

Abb. 2.10: Adaptive Modellgenerierung

Die Verfahren der adaptiven Modelländerung basieren auf unstrukturierten Gittern
und lassen sich in 3 Methoden einteilen [FINN 90, KODI 92, BETT 90]:

- r-Methode: Knoten und Gitterlinien werden in Bereiche hoher Strömungsgradienten verschoben, ohne die Gesamtanzahl der Gitterpunkte zu verändern.

- h-Methode: in Bereichen hoher Gradienten werden neue Knotenpunkte
  zur Netzverfeinerung eingefügt.

- p-Methode: in Bereichen hoher Gradienten werden die Differentialgleichungen durch höherwertige und damit genauere Funktionen approximiert, ohne das Netz zu verändern.

Adaptive Gittergenerierer für komplexe Geometrien befinden sich noch im Entwick-
lungsstadium [KESS 91] und werden hauptsächlich in der Strukturmechanik bei der
Finite-Elemente-Methode verwendet [KODI 92]. Ihr Anwendungsgebiet in der numerischen Strömungssimulation beschränkt sich derzeit auf 2-dimensionale Fälle
[KALL 92, LEE 92] sowie auf einfache 3-D Geometrien [LÖHN 92] und ist durch
die notwendige Erstellung eines guten Startnetzes mit dem damit verbundenen Aufwand geprägt [SHEP 90, SORG 89], so daß die industrielle Einsatzfähigkeit bei komplexen 3-D Applikationen, wie sie in der Produktionstechnik auftreten (vgl. Abschnitte 1.2 und 2.3.1), noch nicht gewährleistet ist [CONN 92].

Das **Einbringen von Randbedingungen** kann entweder elementbezogen oder geo-
metriebezogen erfolgen. Tendenzen gehen zum objektorientierten Einbringen der
Randbedingungen auf Geometrieebene, da hiermit eine Entkoppelung von der Netzstruktur erzielt werden kann [FINN 90, UNRU 92].

Es kann geschlußfolgert werden, daß zwar vielversprechende Ansätze zur Unterstützung der Simulationsmodellerstellung existieren, daß aber insbesondere für die industrielle Anwendung noch erhebliche Defizite bestehen. Diese hemmen die Integration
der Strömungssimulation in den industriellen Planungsprozeß von Produktionssystemen, wie z.B. für die Auslegung von Absauganlagen für die Lasermaterialbearbeitung sowie die strömungstechnische Optimierung von Reinraumfertigungen oder
Lackierhallen.

2.3.4 Lösung der Modellgleichungen - Processing

Aufgrund der Komplexität der Basisdifferentialgleichungen entstehen vielfältige Probleme bei deren numerischer Lösung. Im folgenden werden die für die industrielle Anwendung wesentlichen Problemfelder, Entwicklungen und Tendenzen analysiert.

Druck-Geschwindigkeits-Koppelung: In den Navier-Stokes-Gleichungen tritt neben den Geschwindigkeiten der Druck als unbekannte Größe auf, der aber aus keiner Gleichung direkt berechenbar ist. Dies erschwert die Lösung der Navier-Stokes-Gleichungen, weshalb Kopplungsalgorithmen entwickelt wurden, die eine indirekte Bestimmung des Druckes aus der Kontinuitätsgleichung ermöglichen [PERI 91]. Die industriell eingesetzten Kopplungsalgorithmen basieren im wesentlichen auf einem iterativen Druckkorrekturverfahren, bei der in einem ersten Schritt auf Basis eines geschätzten Druckfeldes das Geschwindigkeitsfeld bestimmt wird. Anschließend erfolgt eine Anpassung des Druckfeldes derart, daß die Kontinuitätsgleichung durch neue Geschwindigkeitswerte erfüllt wird. Mit dem korrigierten Druckfeld erfolgt mit den Impulsgleichungen wieder die Berechnung der Geschwindigkeiten und das Verfahren wiederholt sich, bis eine gewünschte Genauigkeit erreicht ist. Derartige Verfahren, wie z.B. SIMPLE, SIMPLER, SIMPLEC, SIMPLEST, PISO, SNIP, PUMPIN, unterscheiden sich im wesentlichen durch die verwendeten Druckkorrekturgleichungen. Sie sind bereits weit entwickelt und für den industriellen Einsatz geeignet [BURN 89, EPPL 91, LESC 89]. Wurden in der Vergangenheit hauptsächlich versetzte Gitter, bei denen Druck- und Geschwindigkeitswerte auf zwei zueinander versetzten Gittern abgespeichert werden, verwendet, geht die Tendenz in Richtung nicht versetzter Gitter, bei denen alle Werte an den gleichen Stützstellen des Gitters abgespeichert werden. Begründet liegt dies in Speicherplatzproblemen sowie in Genauigkeitsanforderungen bei komplexen Geometrien [LAKS 91].

Diskretisierung der Konvektionsterme: Eine Transportgleichung besteht im wesentlichen aus Konvektions-, Diffusions- und Quelltermen. Während die Diffusions- und Quellterme bei der Wahl des Diskretisierungsverfahrens als verhältnismäßig unkritisch zu betrachten sind, müssen für die konvektiven Terme, wie z.B. $\rho\, u\, (\delta u / \delta x)$

bei der Navier-Stokes-Gleichung, hohe Ansprüche an die Diskretisierungsverfahren gestellt werden. Dies liegt darin begründet, daß, im Gegensatz zur diffusiven Ausbreitung mit Dämpfungseigenschaften, konvektive Terme im Idealfall Verteilungen von Variablen ohne Formänderung transportieren (Abbildung 2.11). Diskretisierungsfehler können hierbei die Form der Verteilung verändern und zu numerischen Instabilitäten führen [KESS 91].

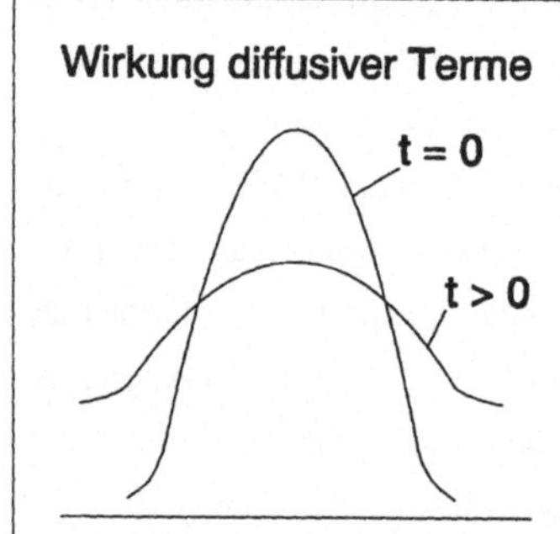
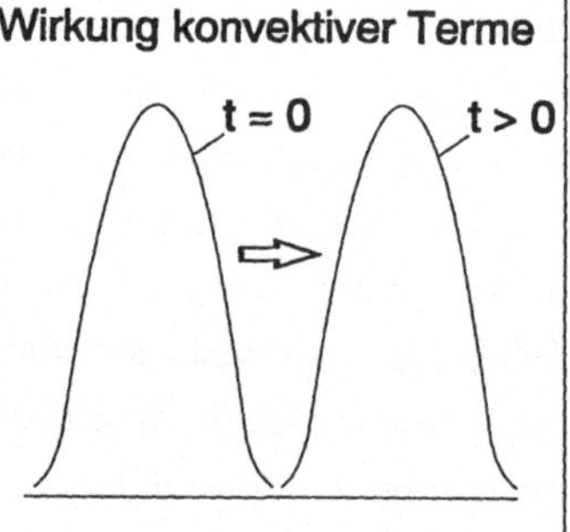

Abb. 2.11: *Wirkung diffusiver und konvektiver Terme*

Abhilfe kann durch eine Berücksichtigung der Strömungsrichtung bei der Behandlung der Konvektionsterme geschaffen werden. Es wurden vielfältige sogenannte Aufwindmethoden entwickelt, wobei Anzahl und Lage der Diskretisierungsstützstellen die Eigenschaften der verschiedenen Methoden bezüglich Genauigkeit, Stabilität und Effizienz bestimmen [PATA 80]. Prinzipiell lassen sich die Verfahren in Gitterlinienaufwind- und Stromlinienaufwindverfahren unterteilen. Während bei den ersteren, wie z.B. UDS, CDS, LUDS, QUDS etc. [KESS 91], nur Stützstellen entlang Gitterlinien verwendet werden, wird bei den letzteren, den sogenannten "Skew Upwind" Verfahren, die tatsächliche Strömungsrichtung ermittelt. Gitterlinienaufwindverfahren haben den Vorteil des geringeren numerischen Aufwands, allerdings können bei einigen Verfahren unphysikalische Oszillationen und bei großen Winkeln zwischen Gitterlinien und Strömungsrichtung die sogenannte numerische Diffusion auftreten, die zu erheblichen Fehlern in den Lösungen führt [GALP 86]. Stromlinienaufwindverfahren sind durch höhere Genauigkeit, insbesondere bei komplexen Strömungsverläufen, aber auch durch höheren numerischen Aufwand geprägt [SCHN 86, LESC

89]. Alle Verfahren sind weit entwickelt und werden je nach Strömungsproblem und Anforderungen eingesetzt [BURN 89].

Gleichungslösungsverfahren: Nach erfolgter Diskretisierung der Basisgleichungen entsteht ein gekoppeltes, nicht-lineares, algebraisches Gleichungssystem, welches durch geeignete Verfahren, wie z.B. Picard-Iteration oder Newton-Verfahren, in ein lineares Gleichungssystem überführt werden kann [SCHÄ 91]. Für dessen Lösung stehen weit entwickelte direkte, wie z.B. Gauss-Jordan, Matrixinversion etc., und iterative Methoden, wie z.B. Gauss-Seidel, ILU-Zerlegung, konjugierte Gradienten-Methode, LSOR, ADI etc., zur Verfügung. Iterative Verfahren werden bevorzugt verwendet, was in der geringeren Rechenzeit, im weniger benötigten Speicherplatz sowie in den geringeren Rundungsfehlern begründet liegt [LAKS 91, SCHE 91, LAUR 90]. Da konventionelle iterative Gleichungslöser bei feinen Gittern teilweise schlecht konvergieren, werden in der Vergangenheit vermehrt Mehrgitterverfahren zur Konvergenzbeschleunigung erfolgreich eingesetzt [HACK 85, RIEG 92].

Eine weitere Möglichkeit zur Konvergenzverbesserung gegenüber stationären, iterativen Verfahren stellt die Verwendung von Zeitschritten dar, durch die eine stationäre Lösung durch sukzessives Annähern in kleinen Zeitschritten erhalten wird [KESS 91]. Hierfür und für instationäre Strömungsvorgänge stehen explizite und implizite Verfahren zur Verfügung. Explizite Verfahren, wie z.B. Vorwärtsdifferenzen, Runge-Kutta, Du-Fort-Frankel etc., bei denen für die Ermittlung der Lösung zur neuen Zeit die Feldvariablenwerte der alten Zeit verwendet werden, haben zwar den Vorteil der leichten numerischen Implementierbarkeit und sind problemlos zu vektorisieren und parallelisieren. Nachteilig ist allerdings die notwendige Anpassung der Zeitschritte an die räumlichen Gitterweiten, um Stabilitätsprobleme zu vermeiden [SCHN 86]. Es werden deshalb hauptsächlich implizite Verfahren, wie z.B. Rückwärtsdifferenzen, Crank-Nicolson etc., verwendet, bei denen keine Stabilitätsprobleme auftreten. Durch die Verwendung neuer Zeitschritte für die Approximation ist ein explizites Auflösen nach den Feldvariablen zum neuen Zeitpunkt nicht möglich, so daß die Lösung eines Gleichungssystems erforderlich wird. Dieser Aufwand wird durch die Möglichkeit der Verwendung größerer Zeitschritte wettgemacht [BRAN 86].

Anpassung an die Rechnerarchitektur: In den vergangenen Jahren wurden große Fortschritte in der Vektorisierung und Parallelisierung der Gleichungslösungsverfahren zur Verwendung auf Vektorrechnern und Parallelrechnerarchitekturen erzielt, einhergehend mit großen Rechenzeiteinsparungen. Hierdurch wurden die Voraussetzungen für den effektiven industriellen Einsatz der numerischen Strömungssimulation erheblich verbessert [SCHR 91, VERM 92].

Hilfsmittel zur Berechnungsdurchführung: Für die Berechnungsdurchführung, insbesondere für die problemabhängige Wahl von Zeitschritten, Integrations- und Lösungsverfahren sowie für die zeitoptimierte Berechnungsdurchführung, stehen nur wenige Hilfsmittel und Richtlinien zur Verfügung. So sind für die zeitoptimierte Berechnungsdurchführung im wesentlichen nur Prinzipvorschläge bekannt. Beispielsweise folgert [HAPP 90], daß die sequentielle numerische Berechnung auf zunächst groben bis hin zu feineren Rechennetzen in Verbindung mit der Verwendung lokaler Zeitschritte die Rechenzeit erheblich reduzieren kann. Ähnliche Lösungsstrategien werden von [ECER 88] und [KNÖDE 90] vorgeschlagen. Für die Unterstützung des Anwenders bei der Wahl geeigneter Zeitschritte schlägt [SPALD 92] den Einsatz eines Expertensystems vor, mit dessen Hilfe die wahrscheinlich günstigsten Zeitschritte in Bezug auf Rechengeschwindigkeit und Genauigkeit vorausgewählt und während der Berechnungsdurchführung automatisch angepaßt werden können. Dieser Ansatz ist aber auf die Wahl von Zeitschritten begrenzt.

Es kann geschlußfolgert werden, daß die Verfahren zur Lösung der Modellgleichungen weit fortgeschritten und für den industriellen Einsatz geeignet sind. Es fehlen jedoch konkrete Richtlinien und Hilfsmittel zur Unterstützung einer zeitoptimierten Berechnungsdurchführung und der Auswahl geeigneter numerischer Parameter, was ein Hemmnis für den Einsatz der Strömungssimulation in der industriellen Planung darstellt.

2.3.5 Ergebnisauswertung - Postprocessing

Das Postprocessing dient in erster Linie zur Aufbereitung der Ergebnisse in qualitativer oder quantitativer Form. Industriell eingesetzte Postprozessoren haben mittlerweile ein sehr hohes Niveau erreicht, wobei insbesondere folgende Fähigkeiten Stand der Technik sind [PICC 91]:

- Visualisierungstechniken: Vektorplots, x-y-Graphen, Konturplots, Reliefdarstellungen, Darstellung von Isolinien, Farbskalierungen, Schattierung von Oberflächen, Ausschnitts- und Schnittdarstellungen, perspektivische Darstellungstechniken, mausgesteuerte Darstellungsänderungen, Partikelflugbahnen etc..

- Datenhandhabung: Berechnung anwenderdefinierter Lösungsfelder und Kenngrößen, Hilfsmittel zur Datenhandhabung, z.B. Spiegelung, Lesen und Schreiben von Datenfiles, z.B. Einlesen experimenteller Datenfelder, etc..

Defizite bestehen allerdings bei den Richtlinien für die effiziente strömungstechnische Bewertung von Produktionssystemen. Bilddarstellungen der Ergebnisse sind zwar sehr plakativ, sind aber in der Regel nur ein- oder zweidimensional sinnvoll auszuwerten. Dies ist zeitaufwendig und darüberhinaus gehen dreidimensionale Informationen verloren. Die Einführung von integralen Kennzahlen kann hier Abhilfe schaffen. Für spezielle Anwendungen werden bereits vereinzelt Kennzahlen eingesetzt, wie z.B. der c_W-Wert in der Automobilindustrie [SEIF 88] sowie integrale Kennzahlen in der Reinraumtechnik zur strömungstechnischen Bewertung von Reinraumfertigungsgeräten [FISC 91]. Allgemeingültige Kenngrößen und Richtlinien für die effiziente Bewertung unterschiedlicher strömungstechnischer Problemstellungen in der Produktionstechnik (vgl. Abschnitt 1.2) sind nicht bekannt.

Ein weiterer Problempunkt im Postprocessing besteht in der Abschätzung des Fehlers des Simulationsergebnisses im Vergleich zu der exakten Lösung des realen Strömungsproblems. Erst bei Kenntnis der Genauigkeit des Ergebnisses ist der Einsatz von Strömungssimulationswerkzeugen in der industriellen Planungspraxis möglich. Die bei der Simulation auftretenden Fehlerarten lassen sich in vier Bereiche aufteilen [PERI 91]:

- Modellfehler: Die Beschreibung der Realität durch mathematische Modelle, wie z.B. Differentialgleichungen und Turbulenzmodelle, basiert in der Regel auf Annahmen und Approximationen.

- Diskretisierungsfehler: Durch die Diskretisierung der Modellgleichungen entsteht ein algebraisches Gleichungssystem, dessen exaktes Ergebnis von dem exakten Ergebnis der Modellgleichungen abweicht.
- Lösungsfehler: Zur Lösung des algebraischen Gleichungssystems werden iterative Näherungsalgorithmen verwendet, die weitere Fehler importieren.
- Implementierungsfehler: Diese Fehler beruhen hauptsächlich auf menschlichen Schwächen bei der Erstellung des Programmes.

Während vom industriellen Anwender von Strömungssimulationspaketen Implementierungsfehler in der Regel nicht nachvollzogen werden können, stehen für die Bestimmung der verbleibenden Fehler zwei Methoden zur Verfügung, ein experimenteller und ein computergestützter Ansatz [MEHT 91]. Der Vergleich der Simulationsergebnisse mit dem Experiment hat den Vorteil, daß alle Fehlerarten berücksichtigt werden, besitzt aber den Nachteil, daß experimentelle Untersuchungen ebenfalls fehlerbehaftet und in der Regel sehr aufwendig sind. Deshalb wurden computergestützte Methoden zur Fehlerabschätzung entwickelt, wie z.B. Extrapolationsmethoden, die auf einer sukzessiven Netzverfeinerung beruhen [SCHE 92, RIZZ 91]. Diese Methoden besitzen den Nachteil, daß nur die Diskretisierungs- und Lösungsfehler abgeschätzt und minimiert werden können, eine Aussage über Modellfehler ist nicht möglich [PERI 91]. Ein Trend geht deshalb zur Durchführung weniger Eichexperimente zur Fehlerabschätzung der Simulationsrechnung mit anschließendem Einsatz der Simulation zur industriellen Planung [SCHE 91].

2.4 Auswahl und Einsatz von Strömungssimulationssystemen

Auf dem Markt sind eine Vielzahl kommerziell vertriebener Strömungssimulationspakete erhältlich. Für den industriellen Anwender ergibt sich hierbei das Problem, sich einen Überblick über die für die jeweilige Problemstellung geeigneten Programme zu verschaffen sowie Bewertungshilfen und -kriterien für die Auswahl zur Verfügung zu haben.

Es existieren einige Übersichten über kommerziell erhältliche Strömungssimulationssysteme. Hierbei handelt es sich entweder um allgemeine Kurzübersichten mit Angaben der Programmhersteller [CATA 89, COMP 91, BASE 92, WOLF 91, CONN 92] oder um Veröffentlichungen von Anwendern bezüglich eines durchgeführten Systemvergleiches [SCHM 87, POTH 86, FISC 91]. Letztere sind allerdings in der Regel auf wenige Programmpakete sowie spezielle Anwendungsfälle beschränkt. Es fehlen eine strukturierte Gegenüberstellung und Bewertung von Leistungsmerkmalen kommerziell erhältlicher, für den Einsatz in der Produktionstechnik geeigneter Strömungssimulationssysteme sowie konkrete Bewertungskriterien, die die Auswahl eines Simulationspaketes unterstützen.

Für den effizienten Einsatz von Simulationssystemen mit dem Ziel der Entwicklungszeitreduzierung sind mehrere Planungs- und Einsatzstrategien sowie Hilfsmittel bekannt. Im folgenden sollen insbesondere Baukastensysteme und Optimierungswerkzeuge näher betrachtet werden.

Baukastensysteme: Unter Baukastensystem sollen in diesem Zusammenhang Hilfsmittel verstanden werden, die den modularen Aufbau von CAD- und Simulationsmodellen aus Einzelkomponenten unterstützen. Die Verwendung von Baukastenstrukturen zur Vermeidung redundanter Datenerzeugungen sowie zur Verkürzung von Modellerstellungs- und Simulationszeiten ist aus verschiedenen Bereichen der Simulationstechnik bekannt.

[WILL 92] verwendet Modellbibliotheken zur simulationstechnischen Analyse von hydraulischen und pneumatischen Antrieben mit einfachen Regelmodellen. Der Vorteil dieser Modellbasen besteht im Senken des Arbeitsaufwandes beim Erstellen neuer Modelle aufgrund des Zugriffs auf bereits vorhandene Modellblöcke von Komponenten, Funktionseinheiten und Grundbausteinen sowie deren vielseitige Verknüpfbarkeit.

Geometriebibliotheken und Komponentenkataloge zur Unterstützung der modularen Modellbildung werden auch im Bereich der Bewegungssimulation [SCHU 92], Ablaufplanung [HART 91] sowie allgemein bei der Konstruktion mit CAD-Hilfsmitteln [SPUR 92] eingesetzt.

Ebenso sind bei der Struktur-, Schwingungs- und Crashanalyse mit Hilfe der Finiten-Elemente-Methode verstärkt CAD-Datenbanken für Bauteilgeometrien zur Unterstützung der Geometrieerstellung anzutreffen [LEHR 92].

Für Schwingungsuntersuchungen mit der Methode der Mehrkörpersysteme im Bereich der Fahrzeugdynamik schlägt [LEIS 92] eine Zerlegung in Komponenten vor, die einzeln verifiziert werden können. Mit Hilfe eines objektorientierten Datenmodells ist die Wiederverwendung derartiger Komponenten in einem standardisierten Mehrkörpermodell leicht möglich. Hiermit können problemspezifische Simulationsprogramme automatisch generiert werden.

Die Vernetzung einzelner Komponenten mit nachfolgender Kopplung über Federelemente zu dem zu untersuchenden Gesamtsystem wird bei der Berechnung des dynamischen Verhaltens von Werkzeugmaschinen mit Hilfe der Finite-Elemente-Methode angewandt [ALBE 92]. Hierdurch können vorgefertigte, überprüfte FEM-Modelle verwendet werden.

Bei der Systemanalyse von Klimaanlagen wird das Konzept der Zerlegung des Gesamtsystems in einfacher zu untersuchende Teilkomponenten verfolgt [ANDE 91]. Hierbei werden Teilmodule, wie z.B. Lüftungsgehäuse oder Einlaßrohre, mit Hilfe der Finiten Elemente Methode detailliert untersucht. Die Ergebnisse werden zur Beschreibung einfacher eindimensionaler Hilfsmodelle verwendet, mit denen das Gesamtsystem in Form eines Stromlaufplans aufgebaut werden kann. Dies ist allerdings mit dem Nachteil behaftet, daß dreidimensionale Systemeffekte und Wechselwirkungen nicht berücksichtigt werden können.

Baukastensysteme zur Unterstützung der strömungstechnischen Auslegung komplexer Systeme mit Hilfe der numerischen Strömungssimulation sind bisher nicht bekannt. Insbesondere existieren keine Hilfsmittel zur modularen Erzeugung von Strömungssimulationsmodellen aus Einzelkomponenten.

Optimierungswerkzeuge: Eine Optimierung von Bauteilen und Anlagen in der Simulation basiert auf der Bewertung von Alternativen mit iterativer Änderung von Geometrie- und Randbedingungsparametern. Zur Unterstützung des Planers werden hierzu in verschiedenen Bereichen der Simulationstechnik, wie beispielsweise bei der Bewegungssimulation zur Optimierung von Roboterbahnen [WOEN 91], numerische Optimierungsalgorithmen eingesetzt, die nach Vorgabe bestimmter Qualitätskriterien die verschiedenen Parameter solange verändern, bis ein lokales Optimum erzielt ist [DIES 88].

Im Bereich der diskreten Simulationswerkzeuge ist der Einsatz von Optimierungsalgorithmen hauptsächlich bei der Strukturanalyse zur Optimierung von Bauteilstrukturen [WECK 92, HAAS 92] und Fügevorgängen [DIES 88] sowie im Bereich der Strömungssimulation zur Optimierung von Gerätekonstruktionen [FISC 91] mit der Finite-Elemente-Methode bekannt. Hier werden für einfache Geometrien auch adaptive [FELD 90, KODI 92] sowie automatische Gittergenerierer [MÜLL 92] mit numerischen Optimierungsalgorithmen verwendet. Allen Ansätzen gemeinsam ist die Beschränkung auf einfache Geometrien. Die Verwendung numerischer Optimierungsalgorithmen für die Optimierung komplexer vernetzter Anlagenstrukturen, insbesondere im Bereich der numerischen Strömungssimulation, ist nicht bekannt.

2.5 Zusammenfassung

Zusammenfassend kann festgehalten werden, daß der Einsatz numerischer Strömungssimulationssysteme in Forschung und Industrie weit verbreitet ist. Insbesondere sind für normalviskose Newton'sche Fluide die zugrundeliegenden numerischen Verfahren weit entwickelt und für einen industriellen Einsatz prinzipiell geeignet. Für die Lösung strömungstechnischer Problemstellungen in der Produktionstechnik, wie z.B. die Auslegung von Absauganlagen oder die Optimierung von Reinraumfertigungen oder Lackierhallen, wird die Simulation als Planungshilfsmittel in der frühen Planungsphase aber noch kaum eingesetzt. Dies beruht auf existierenden Defiziten, die in Abbildung 2.12 zusammengefaßt sind.

So stehen dem Produktionsplaner keine ausreichenden Hilfsmittel für die Auswahl eines geeigneten Simulationssystems zur Verfügung. Die Erstellung der Simulationsmodelle ist sehr aufwendig und es fehlen Richtlinien für die zeitoptimierte Berech-

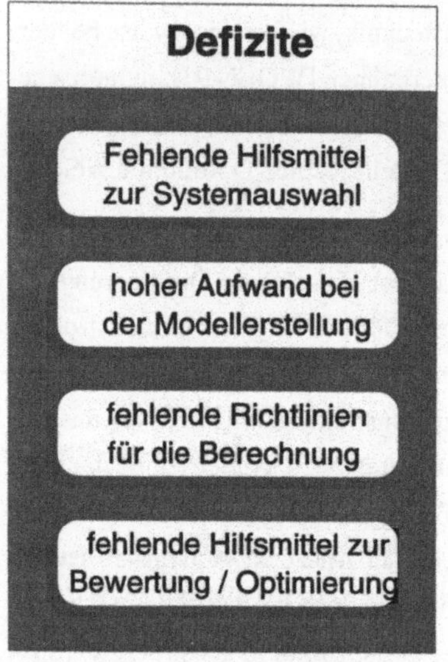

Abb. 2.12: Defizite beim Einsatz von Strömungssimulationssystemen

nungsdurchführung. Ebenso fehlen Hilfsmittel zur effizienten zeitoptimierten strömungstechnischen Bewertung und Optimierung von Produktionssystemen.

3 Hilfsmittel zur Auswahl eines Simulationssystems

3.1 Zielsetzung

Ziel dieses Kapitels ist die Erarbeitung eines Hilfsmittels für die Auswahl eines Strömungssimulationssystems zur effizienten Lösung produktionstechnischer Problemstellungen. Insbesondere soll der unübersichtliche Markt der kommerziell erhältlichen Simulationssysteme transparenter gemacht werden. Dem industriellen Anwender sollen konkrete Kriterien zur Bewertung und Auswahlunterstützung für die strömungstechnische Simulation produktionstechnischer Problemstellungen geeigneter Systeme an die Hand gegeben werden.

3.2 Anforderungen an ein Simulationssystem

Eine gezielte Auswahl eines Simulationssystems kann nur anhand eines problemspezifischen Anforderungsprofils durchgeführt werden. Hierzu können Kriterien aufgestellt werden, die sich im wesentlichen in 5 Bereiche aufteilen lassen. Dies sind die Erfassung der Strömungsphysik, das Preprocessing, das Processing, das Postprocessing sowie allgemeine Kriterien, wie z.B. Zuverlässigkeit, Wartung, Installationshäufigkeit etc.. Die Anforderungskriterien orientieren sich hierbei an dem in Kapitel 2 diskutierten Stand der Technik.

3.2.1 Erfassung der Strömungsphysik - Mindestanforderungen

Die in der Produktion auftretenden Gasströmungen sind in der Regel reibungsbehaftete, dreidimensionale, teilweise kompressible, instationäre, turbulente Strömungen mit Wärme- und Stofftransport. Dies führt zu folgenden Mindestanforderungen, die ein Strömungssimulationssystem auf jeden Fall erfüllen sollte und die deshalb als notwendige Voraussetzungen bei der Auswahl eines Simulationssystems betrachtet werden:

- Berechnung dreidimensionaler Strömungsvorgänge.
- Aufbauend auf Kontinuitäts- und Navier-Stokes-Gleichungen.
- Lösung der kompressiblen Form der Basisgleichungen.
- Verwendung eines Turbulenzmodells: Aufgrund des lokal stark nicht linearen und inhomogenen Charakters der in der Produktion auftretenden Strömungen ist zumindest die Verwendung eines Zweigleichungs-Turbulenz-Modells zu fordern. Bezüglich der Qualität der Berechnungsergebnisse ist durch die Verwendung direkter Reynoldsspannungsmodelle mit besseren Resultaten zu rechnen, wobei allerdings der Nachteil der längeren Rechenzeiten zu berücksichtigen ist.
- Berechnung instationärer Effekte: Neben der Berücksichtigung zeitabhängiger Strömungsvorgänge können mit Hilfe eines instationären Gleichungslösers auch stationäre Lösungen oftmals mit höherer Robustheit und besserer Konvergenzneigung erhalten werden.
- Berücksichtigung von Wärmetransportvorgängen auf Basis der Energiegleichung: Thermische Prozesse oder lokale Wärmequellen können die Ursache für Wärmetransportvorgänge darstellen. Diese lassen sich unterteilen in den thermischen Prozeß selbst, in Wärmeleitungsvorgänge in festen Materialien, in Wärmeübergangsvorgänge von Werkstücken, Partikeln oder anderen Wärmequellen zum strömenden Medium sowie in Konvektions- und Diffusionsvorgänge beim Wärmetransport mit dem Gas. Es ist deshalb zu fordern, daß Lösungsmöglichkeiten für diese speziellen Wärmetransportvorgänge geboten werden. Insbesondere ist auf die Bereitstellung von Modellen zur Berücksichtigung von Oxidationsvorgängen, zum konjugierten Wärmetransport in Materialien, für natürliche Konvektionsvorgänge sowie für Wärmetransportvorgänge von Partikeln zu Gasen zu achten.
- Berücksichtigung von Stofftransportvorgängen: Stofftransportvorgänge können einerseits durch den Transport von partikulären Teilchen und andererseits durch Mischungsvorgänge von Gasen auftreten. Es ist deshalb auf die Bereitstellung von Mischungsmodellen, z.B. in Form von skalaren

Gleichungen, zu achten als auch auf die Möglichkeit der Ausbreitungsberechnung von wärmetragenden Partikeln endlicher Größe und Masse.

3.2.2 Preprocessing

Bei der Durchführung von Planungsaufgaben mit Hilfe von Strömungssimulationssystemen kommt der Modellgenerierung eine wesentliche Bedeutung zu. Zum einen ist eine realitätsgetreue Nachbildung der wesentlichen Elemente des zu untersuchenden Produktionssystems für die Erzielung aussagekräftiger Ergebnisse notwendig, zum anderen liegt in der Netzgenerierung der größte Arbeitsaufwand für den Berechnungsingenieur. Es ist deshalb auf die Möglichkeiten der Geometriedarstellung sowie auf unterstützende Sonderfunktionen für die Netzgenerierung zu achten. Im wesentlichen ergeben sich folgende Anforderungen:

- Komfortable interaktive Geometrie- und Netzgenerierungsmöglichkeiten des systemeigenen Preprozessors mit Unterstützung durch automatische und teilautomatische Netzgenerierungsfunktionen, wie z.B. adaptive Gittergenerierer und lokale Netzverfeinerungsroutinen sowie durch Graphikroutinen.

- Schnittstellen zu CAD-Systemen zur Vermeidung einer redundanten Grunddatenerzeugung.

- Diskretisierung mit Hilfe der Finiten-Volumen- oder Finiten-Elemente-Methode: Hierbei ist auf die Möglichkeit der Verwendung nichtorthogonaler, unstrukturierter oder blockstrukturierter Netze zu achten.

- Verfügungstellung von physikalisch notwendigen Randbedingungen, insbesondere Wand-, Einlaß-, Auslaß- und Symmetrierandbedingungen. Oftmals treten in Produktionssystemen teildurchlässige Strömungswiderstände, wie z.B. Lochbleche, auf. Deshalb ist auf die Möglichkeit der Berücksichtigung von Porösitäten zu achten.

3.2.3 Processing

In dieser Phase findet die Berechnung der Strömungsvorgänge statt. Hier werden die zugrundeliegenden Erhaltungsdifferentialgleichungen in ihrer diskretisierten Form gelöst, wozu bei den meisten Systemen die Methode der Finiten Volumen oder Finiten Elemente zum Einsatz kommt, die sich prinzipiell beide für den Einsatz bei den vorliegenden Strömungsproblemen eignen. Punkte, die es bei der Auswahl eines Systems zu berücksichtigen gilt, gliedern sich in die Genauigkeit des Näherungsansatzes, die verwendete Druck-Geschwindigkeits-Koppelung, in die Diskretisierung der Konvektionsterme sowie in das verwendete Gleichungslösungsverfahren. Es ergeben sich im wesentlichen folgende Anforderungen:

- Die Genauigkeit des Näherungsansatzes ist abhängig von der Ordnung der verwendeten Polynome zur Approximation der Erhaltungsgleichungen. Je höher die Ordnung, desto länger sind die benötigten Rechenzeiten und desto höher ist die Genauigkeit der Ergebnisse. Es sollte deshalb auf die Möglichkeit der Verwendung von Approximationen unterschiedlicher Ordnung geachtet werden. Als Kompromißlösung zwischen Genauigkeit und Rechenzeitanforderung sollte ein Verfahren zweiter Ordnung bereitgestellt werden.

- Für die Druck-Geschwindigkeits-Koppelung sollten geeignete Druckkorrekturverfahren, wie z.B. Derivate des Simple-Verfahrens, angeboten werden.

- Die Diskretisierung der Konvektionsterme sollte durch geeignete Aufwindverfahren erfolgen. Anzustreben ist die Bereitstellung von Verfahren unterschiedlicher Ordnung, die je nach Strömungskomplexität verwendet werden können. Insbesondere ist auf die Verfügbarkeit von Stromlinienaufwindverfahren Wert zu legen.

- Zur Gleichungslösung sollten implizite und iterative Verfahren zur Verfügung gestellt werden. Insbesondere ist auf die Verwendung von Mehrgitterverfahren zur Konvergenzbeschleunigung zu achten.

3.2.4 Postprocessing

Das Postprocessing dient zur Aufbereitung der Ergebnisse in qualitativer oder quantitativer Form. Bei der Evaluierung der systemeigenen Postprozessoren ist Wert auf die Erfüllung der Fähigkeiten, die heute Stand der Technik sind, zu legen. Hierzu sei auf den Abschnitt 2.3.5 verwiesen.

3.2.5   Allgemeine Kriterien

Allgemeine Kriterien bei der Auswahl eines Simulationssystems betreffen Fragen bezüglich der Koppelungsmöglichkeit an externe Pre- und Postprozessoren, der Hardwareanforderungen, des Wartungs- und Schulungsangebots, der Installationshäufigkeit sowie der Erfahrung und Seriosität der Programmhersteller und -vertreiber. Folgende Kriterien sind besonders zu beachten:

- Koppelungsmöglichkeit an komfortable externe Pre- und Postprozessoren, wie z.B. PATRAN, SUPERTAB, ANSYS etc.. Dies ist insbesondere wichtig, falls wesentliche Anforderungen an den systemeigenen Pre- und Postprozessor nicht erfüllt sind.

- Lauffähigkeit der Programme auf geeigneter Hardware: Für die industrielle Anwendung erscheint die Installation auf Unix-Workstations, wie z.B. DEC, HP, SUN, SGI, IBM etc. geeignet. Bei extrem komplexen Strömungsproblemen kann die Verwendung von Großrechnern nötig werden.

- Bezüglich der Wartung sollte auf die Erstellung regelmäßiger Updates zur Weiterentwicklung des Programmes sowie auf die Verfügbarkeit qualifizierten Fachpersonals in Deutschland Wert gelegt werden. Ebenso dienen Schulungen der leichteren Einarbeitung und Vertiefung in das Programm. Die Anzahl der Installationen ist ein Zeichen für die Marktreife eines Programmes, darf aber nicht überbewertet werden, da insbesondere ältere Programme, die nicht unbedingt über die besten Fähigkeiten verfügen müssen, hohe Installationszahlen aufweisen.

- Die Erfahrung und Seriosität der Programmhersteller und -vertreiber ist ein wichtiger Faktor für die Gewährleistung eines zuverlässigen Programmes und Supports, ist aber schwierig zu messen und sollte durch Gespräche mit Referenzfirmen hinterfragt werden.

3.3 Markt- und Nutzwertanalyse zur Auswahl eines Systems

3.3.1 Marktanalyse

Auf dem Softwaremarkt ist eine schwer überschaubare Anzahl von kommerziell erhältlichen Programmpaketen zur Strömungssimulation vorhanden. Eine Einschränkung der in Betracht kommenden Programme kann mit Hilfe von Ausschlußkriterien erfolgen. Hierzu wurden die in Abschnitt 3.2.1 hergeleiteten Mindestanforderungen herangezogen.

Es wurden 32 prinzipiell anwendbare Strömungssimulationssysteme recherchiert und die am weitest verbreiteten analysiert, wobei Informationen von Programmvertreibern, aus Veröffentlichungen von Anwendern, aus der durchgeführten Industrieumfrage und Gesprächen mit Herstellern und Anwendern bezogen wurden. Hierbei kann allerdings kein Anspruch auf Vollständigkeit und momentane Aktualität erhoben werden. Die Vertreiber- bzw. Herstelleradressen sind im Anhang aufgeführt, ebenso Adressen von Vertreibern weiterer prinzipiell geeignet erscheinender Programmsysteme. Die Ergebnisse der Analyse sind in Form eines Leistungsprofils in Matrixform in den Abbildungen 3.1 - 3.4 dargestellt, wobei eine Gruppierung nach den hergeleiteten Bewertungskriterien, nämlich Preprocessing, Processing, Postprocessing und allgemeine Kriterien, vorgenommen wurde. Auf die Darstellung der Mindestanforderungen wurde verzichtet, da diese von allen Programmpaketen zu erfüllen waren. Lediglich die physikalischen Modelle und die berechenbaren Strömungsphänomene sind in die Gruppe des Processing mit aufgenommen, da hier Unterschiede bei den einzelnen Simulationssystemen bestehen. Aufgrund der Komplexität der Problemstellung erscheint eine einfache Ja/Nein-Entscheidung zur Frage der Erfüllung der Bewertungskriterien nicht möglich, weshalb die Ergebnisse in Textform dargestellt sind. Bei den Bewertungskriterien für die Auswahl handelt es sich demzufolge um qualitative, nicht direkt quantifizierbare Kriterien, was die Durchführung einer Nutzwertanalyse sinnvoll erscheinen läßt.

Kriterien / Systeme	Preprocessing			
	Geometrie-erstellung	Netzerzeugung	Diskretisierung	Rand- und Anfangsbedingungen
Phoenics	interaktiv, CAD-Kopplung, versch. CAD-Merkmale	strukturiertes Gitter, teilautomatisierte Netzerzeugung, Netzverfeinerung	FVM	versch. Wandrandbed. für Reibung und Wärme, Einlaß: Masse, Geschw., Druck; Auslaß: Masse, Druck u. Mischformen; periodisch
StarCD	interaktiv, CAD/ CAE-Kopplung, 3 Koordinatensysteme, CAD-Merkmale	unstrukturierte Blockgitter, interaktive Netzerzeugung, lokale Netzverfeinerung	FVM	Einlaß; Auslaß; versch. Wandrandbedingungen für Druck, Geschw., Turbulenz; bewegte Wände; symmetrische Geschwindigkeitsprofile
TASCflow	integriertes CAD-System, CAD-Schnittstelle, 3 Koordinatensysteme	blockstrukturiert, nicht orthogonal, Netzverfeinerung, Netzanpassung	FVM	rauhe, glatte und bewegte Wände; stat. u. dyn. Druck; Einlaß; Auslaß; Temp.; Turbulenzgrößen; zyklisch; periodisch; versch. Strömungswiderstände; Symmetrie
Pam-Fluid	einfaches CAD-System, CAD-Kopplung	direkte Netzerzeugung aus CAD-Modellen möglich, unstrukturiert, lokale u. adaptive Netzerzeugung	FEM	Einlaß: Druck, Geschwindigkeitsvektor; Auslaß: stat. Druck, Geschwindigkeit; bewegte Wände; periodisch; zyklisch
Nisa/ 3D-Fluid	interaktiv, CAD-Schnittstelle, CAD-Merkmale	teilautom. Netzgenerierung, unstrukturiert, Netzverfeinerung, Elementenbibliothek	FEM	poröse Medien; zeitabhängige RB; Randbedingung für Geschw., Druck, Temp., k, Energie an Knoten gebunden, auch Gradienten
Fidap	interaktiv, Schnittstelle zu FE-Generatoren, Mehrfachkoordinaten	teilautom. Netzgenerierung, unstrukturiert, Netzglättung, Übergangselemente	FEM	Einlaß: Temp., Geschw., k, ε; Auslaß: Geschw., k, Spannungen; poröse Medien; bewegte Wände; RB für Strömungsgrößen; periodisch; zyklisch
CFD2000	interaktiv, menügeführt, Mehrfenstertechnik, 2 Koordinatensysteme	teilautom. Netzerzeugung, stukturiert/ unstrukturiert, adaptiv	FEM und FVM	Ein-/ Auslaß mit vorhandenen Strömungsfeldgrößen; Wandrandbed. mit Wärmeübergang
Flow3D/ Astec	interaktiv, integrierte CAD- Merkmale	teilautom. Netzerzeugung, blockstrukturiert, lokale Netzverfeinerung, adaptiv, moving-grid, körperangepaßt	FEM und FVM	zeitabhängige RB; Randbedingungen für Strömungsgrößen; symmetrische und periodische Randbedingungen
Fluent	interaktiv, menügesteuert, integrierte CAD-Merkmale, CAD-Kopplung, 2 Koordinatensysteme	strukturiert, teilautomat. Gittergenerierung, Verfeinerung, Netzanpassung	FVM	Einlaß: Geschw., Druck, k, Temp.; Auslaß: stat. Druck, Gradienten d. skalaren Größen; versch. Wandrandbed., symmetrisch; zyklisch

Abb. 3.1: Leistungsprofil von Strömungssimulationssystemen bezüglich des Preprocessing

Kriterien / Systeme	Processing			
	physikalische Modelle	Druck/Gesch.-Kopplung	Strömungs-phänomene	Lösungsverfahren, Konvektionsterme
Phoenics	Navier - Stokes-Gleichungen, Prandtl- und k-ε-Modell, RSM	SIMPLEST-Methode	grundlegende, Nicht-Newton`sche Fluide, chem. Reaktionen, Zweiphasen-strömungen, freie Oberfläche, Partikeltransport	explizite/implizite Integration, GAUSS-SEIDEL-Methode, Hybridmethode, UDS
StarCD	Navier - Stokes-Gleichungen, Prandtl- und k-ε-Modell	SIMPLE-Methode, PISO-Verfahren	grundlegende Strömungs-phänomene, Massentrans-port, chem. Reaktionen, Verbennungser-scheinungen	implizite Integration, iterativ, Differenzen-methode, 1. und 2. Ordnung
TASCflow	Navier - Stokes-Gleichungen, k-ε-Modell	SIMPLEC, SIMPLEX und weitere Ver-fahren	grundlegende Strömungser-scheinungen, Stofftransport Verbrennung, chemische Reaktionen	implizite Lösung, GAUSS-SEIDEL, Mehr-gittermethode, UDS, CDS, PAC
Pam-Fluid	Navier - Stokes-Gleichungen, k-ε-Modell, RSM	gewöhnliche Druck/Geschw.-Approximation	grundlegende Strömungs-phänomene, chemische Reaktionen, Verbrennung, Diffusionsvorgänge, Gasge-mische, Verdichtungsstöße	implizite integration, iterativ, GALERKIN-Methode, CDS, Trans-portkorrekturgleichung
Nisa/ 3D-Fluid	Navier - Stokes-Gleichungen, k-ε-Modell und 1-Gleichungs-modell	PENALTY-Methode, Geschwindigkeits-Korrektur	grundlegende Strömungser-scheinungen, Nicht-Newton`sche Fluide, Zweiphasenströ-mungen, Verbrennung	explizite/implizite Inte-gration, iterativ, verschiedene Aufwindmethoden
Fidap	Navier - Stokes-Gleichungen, Prandtl- und k-ε-Modell	Geschwindigkeits- und Druckapproxi-mation	grundlegende, nicht kom-pressibel, Nicht-Newton`sche Fluide, spezifische Kräfteein-wirkung, freie Oberfläche, Partikel- und Massentransport	explizite/implizite Inte-gration, Methode der konjugierten Gradienten, UDS
CFD2000	Navier - Stokes-Gleichungen, k-ε-Modell, Mischungsweg-hypothese	druckorionriert, Flußtransport-gleichung	grundlegende Strömungspro-bleme, aber nur Wärmeüber-gang, nur einphasig, chem. Vorgänge mit CHEM2000 berechnen	semiimplizite Lösung, je nach Problem wähl-bar, da zwei Diskreti-sierungsmethoden, iterativ
Flow3D/ Astec	Navier - Stokes-Gleichungen, k-ε-Modell, RSM, Modelle für nie-drige RE-Zahlen	zu SIMPLE-Ver-fahren ähnliche Methoden	grundlegende Strömungs-phänomene, Verbrennung, Mehrphasenströmung, Nicht-Newton`sche Fluide, versch. Wärmetransportvorgänge	iterativ, GAUSS-SEIDEL-Methode, UDS und CDS zur Behandlung der Konvektionsterme
Fluent	Navier-Stokes-Gleichungen, k-ε-Modell, RSM	SIMPLER-Verfahren	grundlegende Strömungser-scheinungen, Mischung, chem. Reaktionen, Zwei-phasenströmung,Verbren-nung, NOx-Berechnung	implizit, iterativ, GAUSS-SEIDEL-Verfahren, QUICK-Methode

Abb. 3.2: *Leistungsprofil von Strömungssimulationssystemen bezüglich des Processing*

Kriterien \ Systeme	Postprocessing			
	Visualisierung	Perspektive, 3D	Datenver-waltung	Benutzer-oberfläche
Phoenics	Kontur- und Vektorplots, Stromlinien der Strömungsgrößen, Partikelbahnen	vergrößern, drehen, verschieben, Farbdar-stellungen, hidden-line, Superposition	input von experimen-tellen Datenfeldern	interaktiv, eigene Kommandos
StarCD	Kontur- und Vektorplots in Schnitten, Partikelbahnen	vergrößern, verschieben, Superposition von Dar-stellungen, Farbdar-stellung, hidden-line	input/output von formatierten und un-formatierten Daten	interaktiv, programm-spezifische Kommandos
TASCflow	Vektor-, Kontur-, Relief- und Wanddarstellung für alle Strömungsgrößen und berechneten Größen, Partikelbahnen	beliebige Superposition aller Darstellungen, zoomen, drehen, Farbe, hidden-line	input/output versch. Datenformate, experimentelle Daten, calc-Kommando	interaktiv, maus- oder kommando-gesteuert
Pam-Fluid	Kontur- und Vektorplots, Stromfunktion, Partikel-bahnen, weitere graphische Merkmale	mehrere Lichtquellen, hidden-line, zoom, Animation mit bewegter Kamera	input/output von spe-zifischen Dateiforma-ten, experimentelle Daten	interaktiv
Nisa/ 3D-Fluid	Vektordarstellung, Kontur-plot von Strömungsgrößen	Farbdarstellung, Mehr-fenstertechnik, zoom, hidden-line, Translation	input von ASCII-Format, Berechnungs-modul	interaktiv, kommando-und menügeführt
Fidap	Konturplots von einfachen und speziellen Größen, Vektorplots, Oberflächen	Projektionen, Farbdar-stellungen, zoom, über-lagern, schieben, drehen	input/output von programmspe-zifischen Datenformaten	interaktiv, mausge-steuert, unter-stützt versch. Graphikober-flächen
CFD2000	Vektorplots, Konturdar-stellung, Isoflächen	Farbdarstellung, Mehr-fenstertechnik, zoom, hidden, schieben	input/output von spezifischen Datenformaten	interaktiv, standardisiert
Flow3D/ Astec	Kontur- und Vektorplots, Schnitte, Umrisse, x-y-plots, Partikelbahnen	Farbdarstellung, zoom, hidden, Superposition	input/output von standardisierten Datenformaten	interaktiv, menügeführt, einfache Kontrollfunk-tionen
Fluent	Vektorplots, Stromlinien, Profildarstellungen, Konturplots	Farbdarstellung, vielfältige Darstellungsmethoden	alphanumerische Ausgabedateien, angepaßte Formate	interaktiv, menügeführt

Abb. 3.3: Leistungsprofil von Strömungssimulationssystemen bezüglich des Postprocessing

Kriterien / Systeme	Allgemeine Kriterien			
	Schnitt-stellen	Hardwarean-forderungen	Wartung, Schulung, Installationshäufigk.	Erfahrung, Seriosität
Phoenics	SUPERTAB, FEMVIEW, FEMGEN	PC-Superrechner, Vektor-rechner; z.B.: SGI, SUN, IBM, DEC, CRAY, HP, APOLLO, ...	Installationen > 400, Training, Vertrieb und Unterstützung in Deutschland, up-dates	erstes kommerzielles CFD-Programm, seit frühen 70er Jahren, langjährige Erfahrung
StarCD	PATRAN, SUPERTAB, ANSYS	PC-Superrechner; z.B.: HP, SUN, IBM, CRAY, DEC/VAX, SGI, ...	Installationen > 50, Kurse, Training, Vertrieb und Unterstützung in Deutschland, up-dates, Demoversion	seit ca. 1988 am Markt, weltweiter Vertrieb, rel. viele Installationen für kurze Marktaktivität
TASCflow	CATIA, ANSYS, PATRAN, I/FEM	PC-Superrechner, z.B.: HP, SUN, DEC/VAX, CRAY, SGI, IBM,......	Installationen > 25, Vertrieb und Betreuung in Deutsch-land, hot-line, up-dates, Anfängerschulung	seit ca. 1985 am Markt, fachliche Betreuung von Strömungsexperten, ständige Hot-Line zum Hersteller
Pam-Fluid	IDEAS, CAEDS, allgemein CAD	Workstation-Supercom-puter, z.B.: CONVEX, CRAY, IBM, HP, SGI, VAX, ...	Installationen > 5, Vertrieb und Beratung in Deutsch-land, up-date, Anfänger-schulung	Erfahrung ca. 10 Jahre, nur Großkonzerne haben bisher Pam-Fluid geordert
Nisa/ 3D-Fluid	IGES	Workstation - Supercom-puter, für PC nur Schulungsangebot	Installationen: keine Angabe, Testinstallation, umfang-reiche Wartung, Vertrieb in Deutschland	seit Anfang der 80er Jahre auf dem Markt, weltweites Händlernetz, versch. FE-Module, Systemlösungen
Fidap	ANSYS, PATRAN, SUPERTAB	PC-Supercomputer, z.B.: SUN, HP, VAX, ..., unterstützt alle UNIX-Systeme	Installationen > 500, Training, Kurse, Veröffentlichungen, Vertrieb in Deutschland	seit ca. 1984 am Markt, aktive Anwendergruppe, namhafte Referenzen, erstes FE-Programm für CFD
CFD2000	zu externen Postprozes-soren	PC: Easyflow Workstation: CFD2000, z.B.: HP, SUN, IBM, ...	Installationen > 25, Training, Beratung, Hot-Line	seit ca 1990 aus versch. CFD- Programmher-stellern entstanden, Sitz in London, europa-weiter Vertrieb
Flow3D/ Astec	PATRAN, I/DEAS	Workstation- Superrechner, z.B.: CRAY, SUN, IBM, APOLLO,......	Installationen > 60, Garantiebestimmung, Training, Hot-Line	gegründet 1988, entstanden aus der Nuklearindustrie, kein Vertrieb in Deutschland
Fluent	PATRAN, ANSYS, IGES	PC-Superrechner, z.B.: HP, DEC, IBM, NEC, INTEL, ...	Installationen > 550, Training, Beratung, laufend Weiterentwicklung, Vertrieb in Deutschland	seit Anfang der 80er Jahre, weltweiter Vertrieb, regelmäßige Anwender-treffen, namhafte Refer-enzfirmen

Abb. 3.4: Leistungsprofil von Strömungssimulationssystemen bezüglich allge-meiner Kriterien

3.3.2   Nutzwertanalyse

Die Nutzwertanalyse stellt ein Hilfsmittel zur Entscheidungsfindung beim Auftreten nicht quantifizierbarer Bewertungskriterien dar. Einer der Hauptvorteile liegt in der Zerlegung des Gesamtauswahlprozesses in Einzelschritte und garantiert dadurch eine logische, objektive Abwicklung der Entscheidungsfindung [RINZ 77, GENS 89, BÜHL 89].

Nach der Erstellung des Anforderungsprofils (Abschnitt 3.2) an und Leistungsprofils (Abschnitt 3.3.1) von Strömungssimulationssystemen ist zunächst eine Gewichtung der Bewertungskriterien festzulegen. Hierbei werden die Kriterien hinsichtlich ihrer relativen Bedeutung für die Auswahl beurteilt. Anschließend werden eine Bewertung der Auswahlkriterien in Hinblick auf den jeweiligen Erfüllungsgrad für die einzelnen Programmpakete vorgenommen und die Ergebnisse in einer Nutzwertanalyse zusammengefaßt.

Gewichtung der Bewertungskriterien

Die Gewichtung der Einzelkriterien dient dem Ziel, den jeweiligen Einfluß eines Bewertungskriteriums auf den Gesamtnutzen zu quantifizieren. Entsprechend der hohen Bedeutung, die den Gewichtungen bei Auswahlentscheidungen zukommt, haben sich eine Vielzahl von unterschiedlichen Gewichtungsmethoden herausgebildet, die entsprechend ihrer jeweiligen Vor- und Nachteile für die spezifische Entscheidungsfindung angewandt werden können [RINZ 77]. Eine direkte Gewichtung aller einzelnen Bewertungskriterien ist im Fall der Strömungssimulation aufgrund der hohen Anzahl und der sehr unterschiedlichen Kriterien schwierig. Deshalb wird in der vorliegenden Arbeit eine zweistufige Methode gewählt.

Hierbei werden zunächst die vier Oberbereiche der Bewertungskriterien bei der Programmauswahl durch singulären Vergleich gewichtet.

- Preprocessing: 25 %
- Processing: 35 %
- Postprocessing: 20 %
- Allgemeine Kriterien: 20 %

Die zentrale Säule in einer computergestützten Strömungsanalyse stellt das Processing dar, da die Rechendauer und insbesondere die Qualität der Ergebnisse entscheidende Faktoren für den wirtschaftlichen Einsatz der Simulation darstellen. Deshalb wird dieser Oberbereich mit 35 % am höchsten gewichtet. Das Preprocessing ist der zeitaufwendigste Teilschritt in der Simulation und beeinflußt durch die Qualität des Netzes die gesamte Analyse, worin die zweithöchste Gewichtung mit 25 % begründet liegt. Das Postprocessing sowie die allgemeinen Kriterien können als ungefähr gleichwertig betrachtet werden, weshalb eine Gewichtung bei beiden von 20 % gewählt wird.

In einem zweiten Schritt werden innerhalb der Oberbereiche die Einzelkriterien durch direkte Gegenüberstellung in einer Matrix gewichtet (Abbildung 3.5). Das im direkten Vergleich als wichtiger erachtete Kriterium wird hierbei mit einem Punkt bewertet, das unterlegene erhält keinen. Bei als gleichwertig erachteten Kriterien wird jedem ein halber Punkt zugesprochen. Entsprechend dieser Vorgehensweise ergibt sich eine Rangfolge der Einzelkriterien innerhalb der Oberbereiche. Das Einzelgewicht entspricht hierbei der prozentualen Wertigkeit des Einzelkriteriums innerhalb des Oberbereichs. Das Gesamtgewicht errechnet sich schließlich aus der Multiplikation des Einzelgewichtes mit dem jeweiligen Gewicht des Oberbereiches. Hierbei ist darauf zu achten, daß die Summe der Gewichte bei den Oberbereichen, den Einzelkriterien und den gesamten Bewertungskriterien stets 100 % ergibt.

Erfüllungsgrad der Auswahlkriterien und Nutzwertanalyse

Der Bewertung der Auswahlkriterien hinsichtlich ihres Erfüllungsgrades liegt eine Wertungsskala von 0 (nicht erfüllt) bis 5 (sehr gut erfüllt) zugrunde. Der Nutzwert der Einzelkriterien berechnet sich durch Multiplikation der jeweiligen Gewichtung mit der Note, und der Gesamtnutzwert für die einzelnen Programmpakete bildet sich aus der Summe der Einzelnutzwerte. Die Ergebnisse der durchgeführten Analyse sind in den Abbildungen 3.6 und 3.7 dargestellt.

Im Rahmen dieser Arbeit steht die technische Eignung der Programmpakete im Vordergrund, weshalb auf eine Kostenanalyse verzichtet wird.

Preprocessing
[Gewichtung 25%]

Geome- trieerstel.	Netzer- zeugung	Diskre- tisierung	RB und AB		Summe	Einzelge- wicht [%]	Gesamtge- wicht [%]
0,5 / 0,5	1 / 0	1 / 0	1 / 0	Geometrieerstellung	0,5+0,5=1	10	2,5
	0,5 / 0,5	0 / 1	0 / 1	Netzerzeugung	1+0,5+0,5+1+1 =4	40	10
		0,5 / 0,5	0,5 / 0,5	Diskretisierung	1+0,5+0,5+0,5 =2,5	25	6,3
			0,5 / 0,5	Rand- und Anfangsbed.	1+0,5+0,5+0,5 =2,5	25	6,3

Processing
[Gewichtung 35%]

physik. Modelle	Druck/ Geschw.	Ström.- phäno.	Lösungs- verfahren		Summe	Einzelge- wicht [%]	Gesamtge- wicht [%]
0,5 / 0,5	0 / 1	0 / 1	0 / 1	physikalische Modelle	0,5+0,5+1+1+1 =4	40	14
	0,5 / 0,5	1 / 0	1 / 0	Druck/Geschw.- Kopplung	0,5+0,5=1	10	3,5
		0,5 / 0,5	1 / 0	Strömungsphänomene	1+0,5+0,5=2	20	7
			0,5 / 0,5	Lösungsverfahren, Advektionsterme	1+1+0,5+0,5=3	30	10,5

Postprocessing
[Gewichtung 20%]

Visuali- sierung	Perspek- tive, 3D	Datenver- waltung	Benutzer- oberfl.		Summe	Einzelge- wicht [%]	Gesamtge- wicht [%]
0,5 / 0,5	0,5 / 0,5	0 / 1	0 / 1	Visualisierung	0,5+0,5+0,5+1+1 =3,5	35	7
	0,5 / 0,5	0 / 1	0 / 1	Perspektive, 3D	0,5+0,5+0,5+1+1 =3,5	35	7
		0,5 / 0,5	0,5 / 0,5	Datenverwaltung	0,5+0,5+0,5=1,5	15	3
			0,5 / 0,5	Benutzeroberfläche	0,5+0,5+0,5=1,5	15	3

Allgemeine Kriterien
[Gewichtung 20%]

Schnitt- stellen	Hardware -anforder.	Wartung, Schulung	Erfahrung, Seriosität		Summe	Einzelge- wicht [%]	Gesamtge- wicht [%]
0,5 / 0,5	1 / 0	1 / 0	1 / 0	Schnittstellen	0,5+0,5=1	10	2
	0,5 / 0,5	1 / 0	1 / 0	Hardware- anforderungen	1+0,5+0,5=2	20	4
		0,5 / 0,5	0 / 1	Wartung, Schulung, ...	1+1+0,5+0,5+1 =4	40	8
			0,5 / 0,5	Erfahrung, Seriosität	1+1+0,5+0,5=3	30	6

Abb. 3.5: Gewichtung der Einzelkriterien

	Systeme Kriterien	Gew. [%]	Phoe-nics		StarCD		TASC-flow		Pam-Fluid		Nisa/Fluid	
			Note	NW	Note	NW	Note	NW	Note	NW	Note	NW
Preprocessing	Geometrie-erstellung	2.5	3	0.08	3	0.08	3	0.08	2	0.05	3	0.08
Preprocessing	Netzerzeugung	10	3	0.30	3	0.30	3	0.30	4	0.40	4	0.40
Preprocessing	Diskretisierung	6.3	3	0.19	3	0.19	3	0.19	3	0.19	3	0.19
Preprocessing	Rand.- und Anfangsbed.	6.3	3	0.19	3	0.19	5	0.32	3	0.19	4	0.25
Processing	physikalische Modelle	14	5	0.70	3	0.42	3	0.42	5	0.70	3	0.42
Processing	Druck/ Geschw.-Kopplung	3.5	3	0.11	4	0.14	4	0.14	2	0.07	3	0.11
Processing	Strömungs-phänomene	7	5	0.35	4	0.28	4	0.28	3	0.21	3	0.21
Processing	Lösungsverfahren	10.5	3	0.32	3	0.32	5	0.53	3	0.32	3	0.32
Postprocessing	Visualisierung	7	3	0.21	3	0.21	4	0.28	4	0.28	4	0.28
Postprocessing	Perspektive, 3D	7	3	0.21	3	0.21	3	0.21	4	0.28	3	0.21
Postprocessing	Daten-verwaltung	3	3	0.09	3	0.09	5	0.15	3	0.09	4	0.12
Postprocessing	Benutzer-oberfläche	3	3	0.09	3	0.09	4	0.12	3	0.09	4	0.12
Allgemeine Kriterien	Schnittstellen	2	3	0.06	3	0.06	4	0.08	3	0.06	2	0.04
Allgemeine Kriterien	Hardware-anforderungen	4	5	0.20	5	0.20	5	0.20	3	0.12	3	0.12
Allgemeine Kriterien	Wartung, Schulung.....	8	4	0.32	3	0.24	3	0.24	2	0.16	3	0.24
Allgemeine Kriterien	Erfahrung, Seriosität	6	4	0.24	3	0.18	4	0.24	3	0.18	3	0.18
	Nutzwert			3.50		3.20		3.78		3.39		3.29

Abb. 3.6: Nutzwertanalyse Teil 1

	Systeme / Kriterien	Gew. [%]	Fidap		CFD 2000		Flow3D/ Astec		Fluent	
			Note	NW	Note	NW	Note	NW	Note	NW
Preprocessing	Geometrie-erstellung	2.5	3	0.08	3	0.08	2	0.05	4	0.10
Preprocessing	Netzerzeugung	10	3	0.30	4	0.40	4	0.40	3	0.30
Preprocessing	Diskretisierung	6.3	3	0.19	5	0.32	5	0.32	3	0.19
Preprocessing	Rand.- und Anfangsbed.	6.3	5	0.32	2	0.13	3	0.19	4	0.25
Processing	physikalische Modelle	14	3	0.42	3	0.42	5	0.70	5	0.70
Processing	Druck/ Geschw.-Kopplung	3.5	2	0.07	2	0.07	3	0.11	3	0.11
Processing	Strömungs-phänomene	7	3	0.21	1	0.07	3	0.21	4	0.28
Processing	Lösungsverfahren	10.5	3	0.32	2	0.21	4	0.47	4	0.42
Postprocessing	Visualisierung	7	4	0.28	2	0.14	4	0.28	3	0.21
Postprocessing	Perspektive, 3D	7	3	0.21	3	0.21	3	0.21	3	0.21
Postprocessing	Daten-verwaltung	3	3	0.09	3	0.09	3	0.09	3	0.09
Postprocessing	Benutzer-oberfläche	3	5	0.15	3	0.09	3	0.09	3	0.09
Allgemeine Kriterien	Schnittstellen	2	3	0.06	2	0.04	3	0.06	3	0.06
Allgemeine Kriterien	Hardware-anforderungen	4	5	0.20	3	0.12	3	0.12	5	0.20
Allgemeine Kriterien	Wartung, Schulung.....	8	4	0.32	3	0.24	3	0.24	4	0.32
Allgemeine Kriterien	Erfahrung, Seriosität	6	4	0.24	2	0.12	3	0.18	4	0.24
	Nutzwert			3.46		2.75		3.67		3.77

Abb. 3.7: Nutzwertanalyse Teil 2

3.3.3 Beurteilung der Nutzwertanalyse und Auswahl eines Simulationssystems

Für die Auswahl eines Strömungssimulationssystems spielt die Nutzwertanalyse eine sehr hilfreiche Rolle. Allerdings müssen auch ihre Restriktionen berücksichtigt werden. So ist beispielsweise durch die gewählte Gewichtung der Bewertungskriterien eine subjektive Beeinflussung der Ergebnisse möglich. Ebenso ist die Punktevergabe bei der Bewertung vom jeweiligen subjektiven Empfinden des Bearbeiters abhängig, da bei vielen Kriterien, z.B. den Diskretisierungsverfahren und den Lösungsalgorithmen etc., oftmals keine eindeutige Entscheidung getroffen werden kann. Dieser Nachteil kann allerdings durch Teambildungen ausgeglichen werden, so daß mit der Markt- und Nutzwertanalyse ein gutes Hilfsmittel für eine zielgerichtete Auswahl eines Strömungssimulationssystems zur Verfügung steht. Abschließend kann festgestellt werden, daß prinzipiell alle betrachteten Programmpakete mehr oder minder für die Berechnung strömungstechnischer Problemstellungen in der Produktion geeignet sind. Der durchgeführten, mit den genannten Restriktionen verbundenen Nutzwertanalyse entsprechend wurde für die weiteren Entwicklungen im Rahmen dieser Arbeit das Programmpaket TASCflow3D ausgewählt und auf einer HP700 sowie auf einem VAX-Cluster installiert. Installationsbedingt können auf diesen Rechnern Simulationsmodelle mit ca. 100 000 Knotenpunkten untersucht werden.

3.4 Zusammenfassung

In diesem Kapitel wurden konkrete Anforderungen für die Bewertung und Auswahl von Strömungssimulationssystemen erarbeitet und eine Marktanalyse kommerziell erhältlicher Systeme vorgestellt. Anhand der Bewertungskriterien wurde eine anwendungsspezifische Bewertung der Systeme mit Hilfe der Nutzwertanalyse vorgestellt und exemplarisch, mit den damit verbundenen subjektiven Restriktionen, durchgeführt. Somit steht ein Hilfsmittel für die zielgerichtete Auswahl eines Simulationssystems zur Verfügung, mit dem jeder Produktionssystemplaner eine individuelle Nutzwertanalyse durchführen kann.

4 Entwicklung einer simulationsbasierten Planungsstrategie

4.1 Zielsetzung

Ziel dieses Kapitels ist die Entwicklung einer Planungsmethode für die effiziente strömungstechnische Optimierung von Produktionssystemen auf Basis der numerischen Strömungssimulation. Ausgehend von einer systemtechnischen Betrachtungsweise wird zunächst das Prinzip eines Baukastensystems erläutert und das Anforderungsprofil an die Planungsstrategie entwickelt. Hierauf aufbauend soll ein integriertes, ganzheitliches Baukastensystem konzipiert und realisiert werden, welches Hilfsmittel zur modularen Modellerstellung, Berechnungsdurchführung, Systembewertung und -optimierung beinhaltet. Das modulare Baukastensystem wird hierbei exemplarisch für zwei stark unterschiedliche strömungstechnische Problemstellungen in der Produktionstechnik aufgebaut, zum einen für die Auslegung von Absauganlagen für die Lasermaterialbearbeitung, zum anderen für die strömungstechnische Optimierung von Reinraumfertigungen (vgl. Abschnitte 1.2.2 und 1.2.3).

4.2 Konzept für eine Planungsstrategie

4.2.1 Systemtechnische Grundlagen

Bei der strömungstechnischen Optimierung von Produktionssystemen handelt es sich um ein komplexes Planungsproblem, das durch gegenseitige Wechselwirkungen von Systemkomponenten, sich ändernde Randbedingungen und durch vielfältige physikalische Vorgänge geprägt ist. Für die Beherrschung derartiger Problemstellungen bietet eine systemtechnische Betrachtungsweise Lösungsansätze [DAEN 83].

Die Systemtechnik stellt ein Methodengebäude zur Behandlung von Problemen mit hoher Komplexität dar [PATZ 82] und basiert im wesentlichen auf einer systematischen Zerlegung eines Systems in Teilsysteme. Ein System ist hierbei eine Zusammenstellung von miteinander in Wechselbeziehung stehenden Elementen, die gemeinsam einen Aufgabenkomplex zu erfüllen haben [DIN 25424]. Die hierarchische Zerlegung eines Systems in Subsysteme [ROPO 75] führt zu der Aufteilung eines komplexen Problemkreises in leichter zu handhabende Teilprobleme. Nach Untersuchung der Subsysteme können diese wieder unter Berücksichtigung der verbindenden Relationen zu dem Gesamtsystem zusammengesetzt werden. Somit besteht die Möglichkeit der systematischen Untersuchung des Systemverhaltens auf unterschiedlichen Hierarchieebenen (Abbildung 4.1) [JAEG 91].

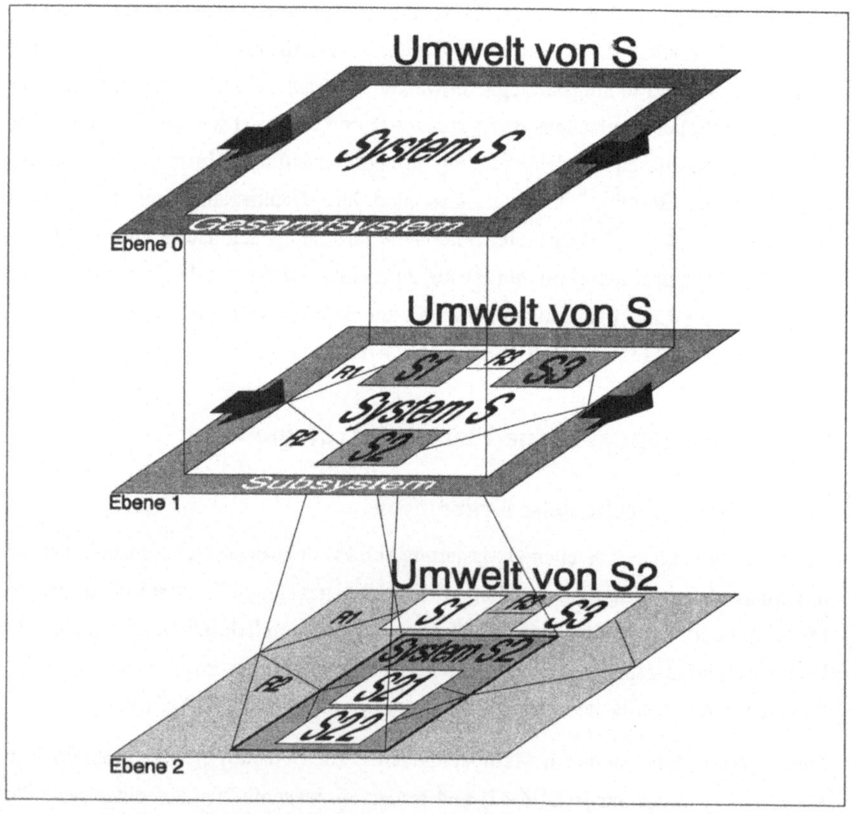

Abb. 4.1: Hierarchische Strukturierung von Systemen [JAEG 91]

4.2.2 Anwendung der Systemtechnik auf Strömungsprobleme in der Produktionstechnik

Für die Anwendung der Systemtechnik wird zunächst eine Einteilung der in der Produktionstechnik auftretenden Strömungsprobleme innerhalb eines komplexen Produktionssystems vorgenommen.

Nach [REFA 87] stellen komplexe Produktionssysteme automatische oder manuelle Produktionseinrichtungen dar, deren Funktion durch eine Zusammensetzung aus mehreren Einzelfunktionen zur Bearbeitung und Montage sowie zur Realisierung des Material- und Informationsflusses gebildet wird (Abbildung 4.2), wobei sowohl einzelne Produktionszellen als auch komplette Anlagen als komplexe Produktionssysteme bezeichnet werden können.

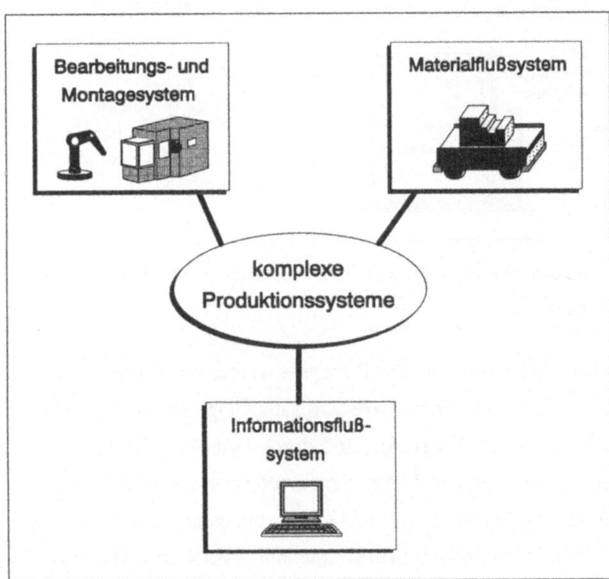

Abb. 4.2: Untergliederung komplexer Produktionssysteme nach [REFA 87]

Das Bearbeitungs- und Montagesystem dient hierbei dem unmittelbaren Produktionsfortschritt, während das Materialflußsystem die Funktionen des Handhabens, Transportierens und Lagerns von Teilen erfüllt. Die Aufgaben des Informationsflußsystems sind die Speicherung, Verwaltung, Bearbeitung und Übermittlung von Informationen.

Strömungstechnische Problemstellungen können sowohl in dem Subsystem "Bearbeitungssystem", wie beispielsweise bei der Auslegung von Absauganlagen für die Lasermaterialbearbeitung (vgl. Abschnitt 1.2.2), als auch in dem Subsystem "Materialflußsystem", wie beispielsweise bei der strömungstechnischen Auslegung von automatisierten Handhabungsarbeitsplätzen in der Reinraumtechnik (vgl. Abschnitt 1.2.3), auftreten (Abbildung 4.3).

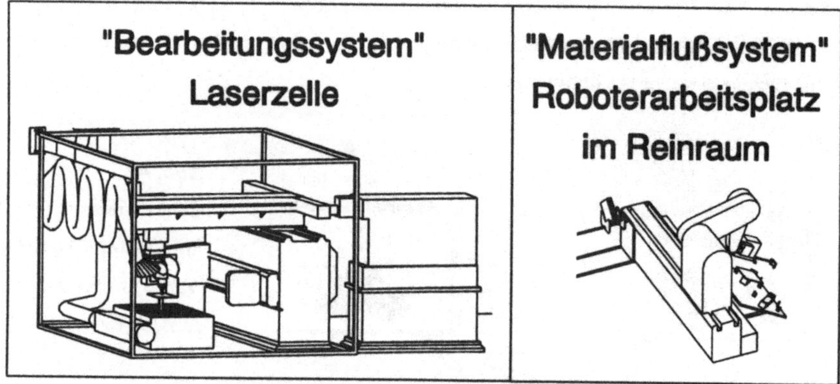

Abb. 4.3: Beispiele strömungstechnischer Problemstellungen in komplexen Produktionssystemen

Diese produktionstechnischen Teilsysteme stellen ihrerseits wieder komplexe Systeme, bestehend aus vielfältigen Teilsystemen (Roboter, Absauganlage etc.) und Funktionen (Laserschweißen, -schneiden etc.), dar. Sie sind durch komplexe strömungstechnische Wechselwirkungen zwischen den Teilsystemen und Prozessen bzw. Funktionen geprägt. Zur Vereinfachung des Planungsproblems kann das produktionstechnische Teilsystem analog einer systemtechnischen Betrachtungsweise in strömungstechnisch relevante Einzelkomponenten zerlegt werden, wobei in Anlehnung an [SCHM 92] eine Aufteilung in flexibel einsetzbare, problemunabhängige Universal-

komponenten, wie z.B. Gestelle und Handhabungseinrichtungen, und problemspezifische Komponenten, wie z.B. Werkzeuge und Effektoren, Werkstücke und Sonder-
aggregate, erfolgt (Abbildung 4.4). Nach der strömungstechnischen Untersuchung
und Optimierung der Einzelkomponenten und -funktionen können diese unter Berücksichtigung der erhaltenen Ergebnisse und Wechselwirkungen zum Gesamtsystem synthetisiert und einer Optimierung unterzogen werden.

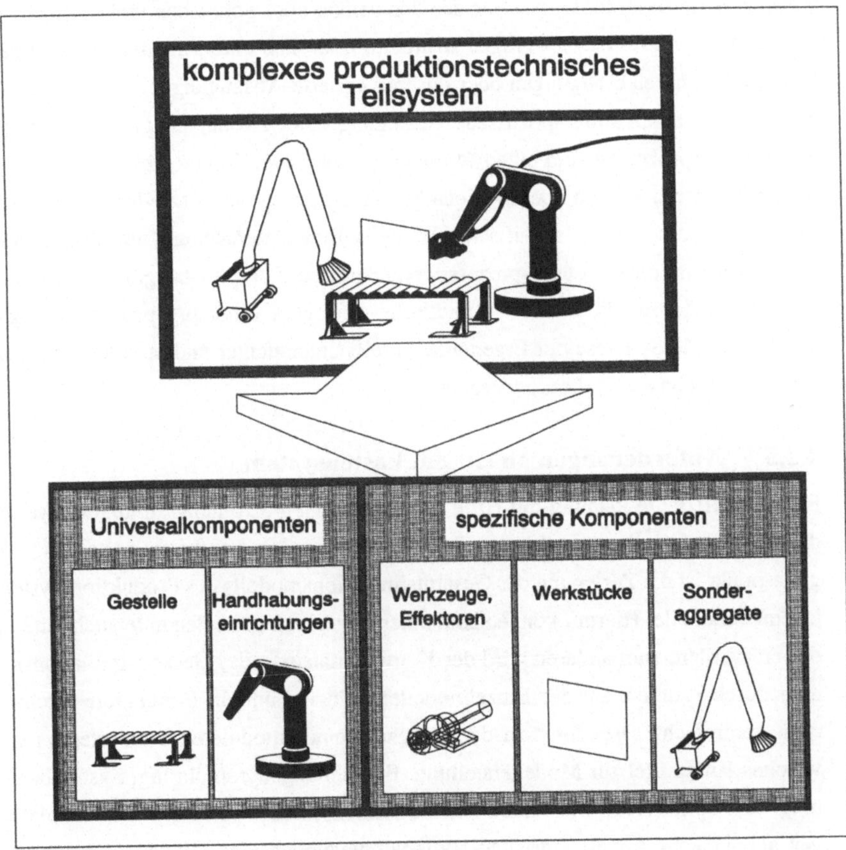

*Abb. 4.4: Untergliederung eines produktionstechnischen Teilsystems in strö-
mungstechnisch relevante Komponenten*

Diese systemtechnische Vorgehensweise soll am Beispiel der Auslegung von Absauganlagen für eine Laserzelle, die schematisch in Abbildung 4.4 dargestellt ist, näher konkretisiert werden.

Eine Laserzelle besteht im wesentlichen aus den Universalkomponenten Roboter und Auflagetisch, die für verschiedene Bearbeitungsprozesse zum Einsatz kommen, sowie aus den für die jeweilige Bearbeitung spezifischen Komponenten. So können unterschiedliche Laserköpfe, z.B. für das Schweißen oder Schneiden, unterschiedliche Werkstücke und für den jeweiligen Bearbeitungsprozeß unterschiedliche Absauganlagen, z.B. Rüsselabsaugungen oder düsenintegrierte Absaugungen, verwendet werden. Für die applikationsspezifische Auslegung einer Absauganlage für einen speziellen Laserprozeß ist zum einen Wissen über das Saugfeld von Absauganlagen nötig, zum anderen Wissen über die Schadstoffausbreitung des speziellen Laserprozesses bei Bearbeitung eines spezifischen Bauteils. Eine Untersuchung und Optimierung der Einzelkomponenten und -prozesse reduziert den Komplexitätsgrad des Gesamtproblems und ermöglicht eine systematische Auslegung einer angepaßten Absauglösung durch die Synthese der Ergebnisse bereits untersuchter und optimierter Schadstoffausbreitungs- und absaugvorgänge.

4.2.3   Anforderungen an ein Baukastensystem

Für eine effiziente Planung mit Hilfe der numerischen Strömungssimulation werden die systemtechnischen Ansätze aus dem vorhergehenden Abschnitt übertragen. Ausgangspunkt ist die Zerlegung des Gesamtsimulationsmodells des Produktionssystems in Einzelmodelle. Hiermit können zum einen Einzelkomponenten untersucht und optimiert werden, zum anderen wird der Komplexitätsgrad des Gesamtsimulationsmodells durch Synthese aus den Einzelmodellen reduziert und die Simulationsdurchführung vereinfacht. Dies führt zu dem Konzept eines modularen Baukastensystems, welches Hilfsmittel zur Modellerstellung, Berechnungsdurchführung, Systembewertung- und optimierung beinhaltet. Das Baukastensystem soll sowohl für Neuplanungen als auch für Anpassungs- und Variantenplanungen eine effiziente Simulationsdurchführung und Systemoptimierung gewährleisten. Die an das Baukastensystem zu stellenden Anforderungen sind in Abbildung 4.5 dargestellt.

<table>
<tr><td>

Hilfsmittel zur Modellerstellung

- modularer Modellaufbau aus Grundbausteinen

- flexibel veränderbare Bausteine

</td><td>

Hilfsmittel zur Berechnungsdurchführung

- Unterstützung bei der Wahl der Simulationsparameter

- Unterstützung bei der Wahl der Anfangsschätzung

</td></tr>
<tr><td>

Hilfsmittel zur Systembewertung

- effiziente, schnelle Bewertung mit Hilfe geeigneter Kennzahlen

</td><td>

Hilfsmittel zur Systemoptimierung

- Unterstützung einer automatisierten strömungstechnischen Optimierung durch numerische Optimierungsalgorithmen

</td></tr>
</table>

Abb. 4.5: Anforderungen an ein Baukastensystem

- Zur Unterstützung der Simulationsmodellgenerierung sollen Grundbausteine zur Verfügung gestellt werden, mit Hilfe derer eine redundante Grunddatengenerierung vermieden werden kann und die dem einfachen modularen Aufbau des Gesamtmodells dienen. Diese Bausteine müssen durch Parametrisierung flexibel und einfach veränderbar sein, so daß zum einen eine universelle Verwendungsmöglichkeit und zum anderen eine Gestaltoptimierung durch numerische Optimierungsalgorithmen gewährleistet ist.

- Für eine zeitoptimierte Berechnungsdurchführung sind Hilfsmittel zur Unterstützung bei der Wahl der Simulationsparameter für das Gesamtsimulationsmodell, aufbauend auf den Erfahrungen der Einzelkomponentensimulationen, zu integrieren. Gleiches gilt für die geeignete Wahl einer Anfangsschätzung des Strömungsfeldes des Gesamtsystems.

- Für eine schnelle und effiziente strömungstechnische Bewertung verschiedener Systemalternativen sollen geeignete, universell einsetzbare Kennzahlen verwendet werden, die den Einsatz numerischer Optimierungsalgorithmen erlauben. Die Kennzahlen müssen insbesondere flexibel für unterschiedliche produktionstechnische Problemstellungen einsetzbar sein.

- Die Implementierung numerischer Optimierungsalgorithmen soll die Durchführung von Simulationsexperimenten erleichtern und den Planer bei der strömungstechnischen Optimierung von Produktionssystemen unterstützen.

Im folgenden werden die Hilfsmittel zur Simulationsmodellerstellung und Berechnungsdurchführung (Abschnitt 4.3) und zur Produktionssystembewertung und -optimierung (Abschnitt 4.4) konzipiert und realisiert. Ziel ist die Beseitigung der in Abschnitt 2.7 dargestellten Defizite, die bisher eine Integration numerischer Strömungssimulationswerkzeuge in den industriellen Planungsprozeß von Produktionssystemen, z.B. bei der Auslegung von Absauganlagen oder bei der strömungstechnischen Optimierung von Reinraumfertigungen, hemmen.

4.3 Hilfsmittel zur Modellerstellung und Berechnungsdurchführung

4.3.1 Konzept eines Simulationsmodellaufbaus aus Bausteinen

Ein Simulationsmodell besteht im wesentlichen aus einem Berechnungsgitter mit zugehörigen Rand- und Anfangsbedingungen sowie Berechnungsparametern, wobei das Berechnungsgitter durch Vernetzung zugrundeliegender Geometriemodelle gebildet wird. Im Sinne eines Baukastensystems ist deshalb ein sukzessiver Aufbau eines Simulationsmodells aus Netz- und Geometriebausteinen möglich.

4.3.1.1 Unterteilung des Netzmodells

In einem ersten Schritt kann das Gesamtnetz in leichter zu handhabende Einzelnetze zerlegt werden (Abbildung 4.6). Die Einzelnetze können hierbei in einem Netzmodul

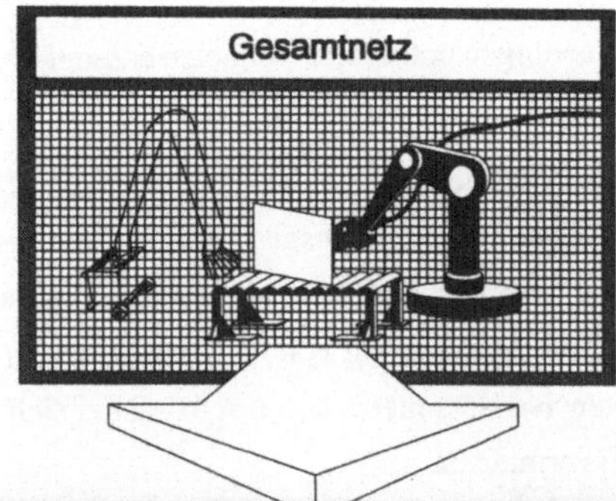

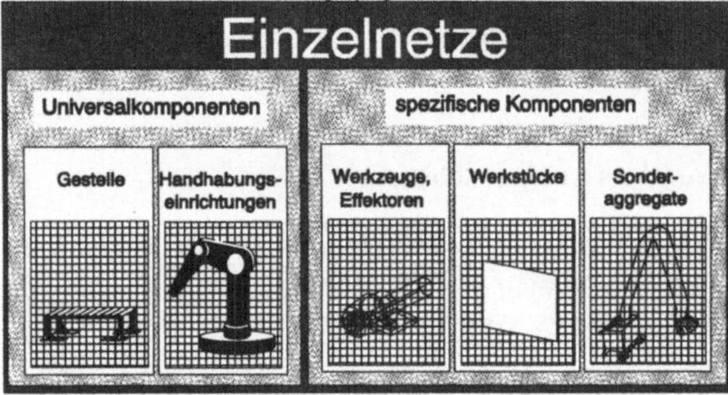

Abb. 4.6:
Zerlegung des Gesamtnetzes in Einzelnetze

für den weiteren Gebrauch strukturiert abgelegt und durch eine Koppelung über Standardschnittstellen wieder zum Gesamtnetz synthetisiert werden.

Der Aufbau des Gesamtnetzes aus Teilnetzen beinhaltet folgende Vorteile:

- Ein modularer Netzaufbau aus Einzelnetzen führt zu einer Komplexitätsvereinfachung bei der Gesamtnetzerstellung.
- Bei sich häufig ändernden Systemkomponenten, wie z.B. den problemspezifischen Komponenten, ist ein schneller, flexibler Austausch der betreffenden Netzteile ohne Bearbeitung der restlichen Modellkomponenten möglich.
- Die Unterteilung des Gesamtnetzes gewährleistet eine einfache strömungstechnische Untersuchung und Optimierung von Einzelkomponenten. Insbesondere können für die Synthese zum Gesamtmodell in Hin-

blick auf notwendige Netzverfeinerungen optimierte Teilnetze erzeugt und zur Verfügung gestellt werden.

Die Reduzierung der Komplexität im Netzaufbau durch eine modulare, flexible Kombination aus optimierten Netzkomponenten führt insgesamt zu einem zeitminimalen Gesamtnetzaufbau, der bei Neu-, Anpassungs- und Variantenplanungen zum Tragen kommt. Zusätzlich wird durch die Speicherung von Netzbausteinen in einem Netzmodul eine wiederholte CPU-intensive Netzinterpolation speziell bei sich häufig wiederholenden Systemkomponenten vermieden.

4.3.1.2 Aufbau von Einzelnetzen aus simulationsorientierten Geometriebausteinen

In einem zweiten Schritt können Einzelnetze aus geometrischen Bausteinen mit zugehörigen Netzinformationen aufgebaut werden (Abbildung 4.7).

In einer objektorientierten Betrachtungsweise bestehen Einzelnetze aus dem inneren Geometriemodell der betrachteten Systemkomponente und einem äußeren Randgeometriemodell des Netzbausteins mit korrespondierenden Netzinformationen. Durch geeignete Interpolationsroutinen kann der Strömungsraum, d.h. das Inverse der Systemkomponente, aus diesen Informationen diskretisiert werden. Die Geometriemodelle der Systemkomponenten bzw. der Netzränder sind hierbei zum einen durch die Transformation von CAD-Daten erzeugbar. Allerdings sind die CAD-Modelle in der Regel nicht berechnungsorientiert, was zu einem hohen Modellgenerierungsaufwand führen kann. Zum anderen können die Geometriemodelle auch aus modularen, parametrisierten Grundbausteinen, wie z.B. Quader, Kegel, Zylinder etc., erzeugt von einem berechnungsorientierten Preprozessor, zusammengesetzt werden. Die strukturierte Abspeicherung der Daten auf allen Abstraktionsebenen in Bibliothekform führt zu dem Aufbau eines simulationsorientierten Geometriemoduls.

Der Aufbau der Einzelnetze aus Geometriebausteinen mit korrespondierenden Netzinformationen beinhaltet folgende Vorteile:

- Die Verwendung von Bausteinen ermöglicht einen modularen Aufbau der Einzelnetze.

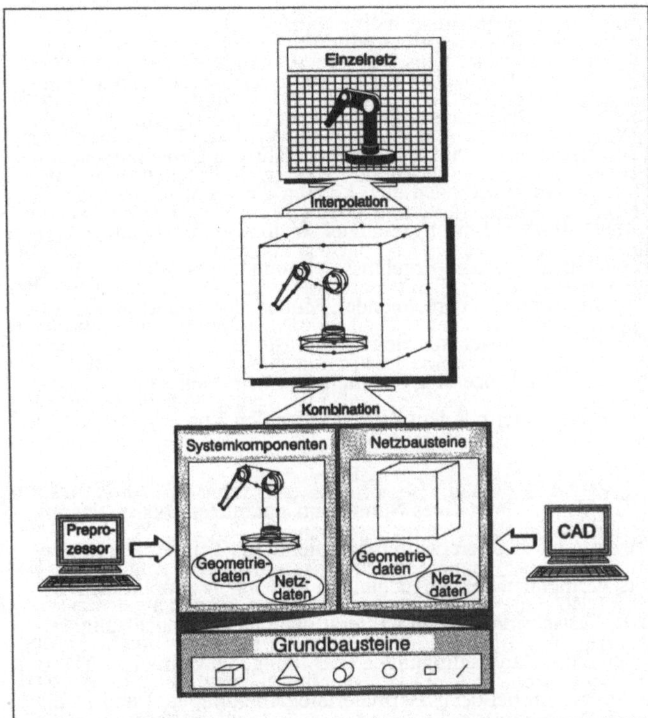

Abb. 4.7: Aufbau der Einzelnetze aus Geometriebausteinen

- Eine problemspezifische Zuordnung von Netzinformationen ermöglicht die flexible Verwendungsmöglichkeit der Geometriebausteine für unterschiedliche Anwendungsfälle.
- Durch einen leichten Austausch der Randgeometrien können Einzelnetze flexibel angepaßt werden.
- Durch die Reduzierung des Komplexitätsgrades der Simulationsmodelle wird der Einsatz von halbautomatischen und automatischen Gittergenerierern unterstützt.
- Die Parametrisierung ermöglicht einen flexiblen Einsatz der Geometriebausteine sowie die Verwendung numerischer Optimierungsalgorithmen.

4.3.1.3 Bestimmung von Simulationsparametern

Die numerische Lösung strömungsmechanischer Differentialgleichungen ist gekennzeichnet durch ein je nach Diskretisierungsverfahren und Lösungsalgorithmus mehr oder weniger breites Konvergenzband. Durch geeignete Wahl von Berechnungsparametern, wie Zeitschritten, Aufwindmethoden etc., können die Rechenzeiten für Simulationsmodelle optimiert werden. Bei ungeeigneter Wahl von Berechnungsparametern kann es zu divergenten, also keinen Ergebnissen kommen. Die Wahl der Parameter ist abhängig von dem jeweils zu berechnenden Modell und bedarf großer Erfahrung. Insbesondere bei produktionstechnischen Problemstellungen mit vielfältigen Randbedingungen, physikalischen Prozessen, Strömungshindernissen etc. ist die Bestimmung der Berechnungsparameter mit dem Ziel einer idealen Konvergenzneigung äußerst schwierig.

Ein Lösungsansatz ist die Verwendung eines Simulationsparametermoduls, das mit dem Netz- und Geometriemodul in Übereinstimmung steht. Als Teil der Baukastenstruktur können die aus Komponentenuntersuchungen gewonnenen optimalen Berechnungsparameter (z.B. Zeitschritte, Anzahl an Iterationen, Gleichungslösungsverfahren, Aufwindmethoden etc.), Randbedingungen (z.B. Umgebungsdruck, Absaugvolumenströme, Schneidgasstrom bei der Lasermaterialbearbeitung etc.) und physikalischen Stoffwerte (z.B. Dichte von Luft und Prozeßgasen, Werkstoffkennwerte etc.) komponenten- und problemspezifisch in einer Datenbasis abgelegt und für weitere Planungen verfügbar gemacht werden. Durch eine geeignete Synthese ist eine Bestimmung der optimalen Simulationsparameter für das Gesamtmodell aus den bei der Berechnung von Einzelmodellen gesammelten Erfahrungen möglich (Abbildung 4.8).

Die Bestimmung der Gesamtmodellparameter aus Einzelmodellparametern beinhaltet folgende Vorteile:

- Der Rückgriff auf komponentenspezifisch abgelegte Erfahrungen aus Einzelsimulationen erlaubt eine modulare und schnelle Bestimmung der Simulationsparameter für das Gesamtsystem.
- Durch eine vom physikalischen Problem abhängige Zuordnung von Parametern zu den Systemkomponenten ist eine problemspezifische Wahl der

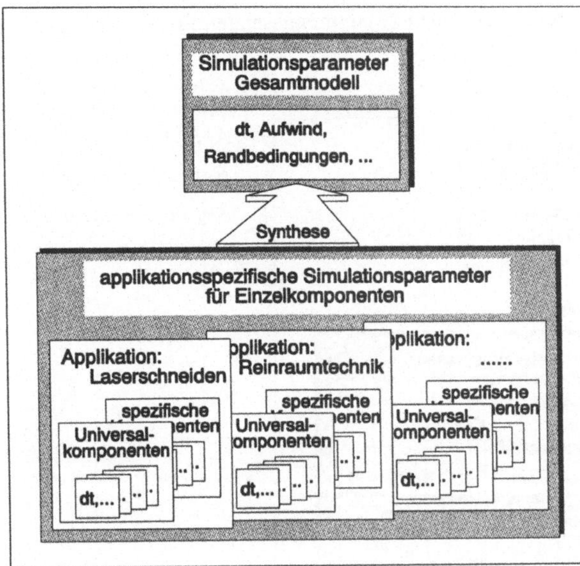

Abb. 4.8:

Bestimmung der Simulationspara-meter

optimalen Simulationsparameter für das zusammengesetzte System möglich.

- Eine zeitoptimierte Bestimmung geeigneter Randbedingungen und Stoffparameter wird ermöglicht.

4.3.1.4 Bestimmung einer Anfangsschätzung aus Teilergebnissen

Ausgangspunkt einer numerischen Strömungssimulation ist immer eine Anfangsschätzung des zu erwartenden Endergebnisses. Je besser die Schätzung, desto geringer sind die Rechenzeiten bis zum Erreichen eines vorgegebenen Konvergenzkriteriums. Insbesondere bei komplexen Strömungen und Produktionssystemen ist eine gute Anfangsschätzung äußerst schwierig.

Durch die Aufspaltung des Gesamtsimulationsmodells in Komponenten ergibt sich die Möglichkeit der Abspeicherung konvergenter Ergebnisse bereits optimierter bzw. berechneter Einzelmodelle in einem Ergebnismodul. Dieses muß über objektbezogene Zuweisungen mit dem Netzmodul und der zugehörigen Berechnungsparameterliste verbunden sein. Zielgerichtete Interpolationsmethoden erlauben die Schätzung des Ergebnisses von aus Einzelkomponenten zusammengesetzten Produktionssystemen (Abbildung 4.9).

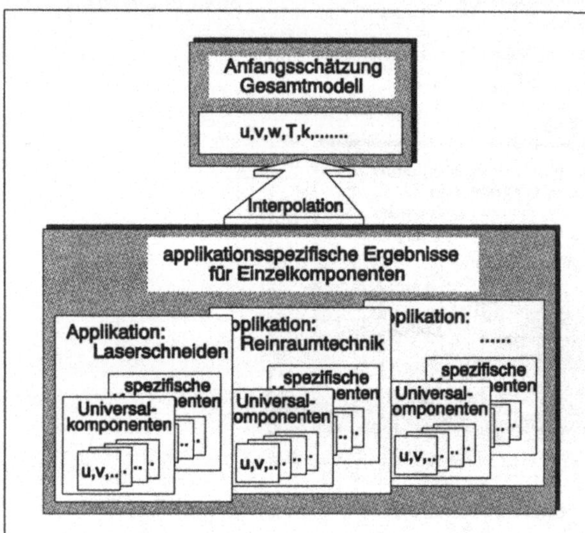

Abb. 4.9:

Bestimmung der Anfangsschätzung

Für das Beispiel der Lasermaterialbearbeitung bedeutet dies konkret, daß beispielsweise Berechnungsergebnisse für die Saugfelder verschiedener Absauganlagen bzw. für die Schadstoffausbreitung bei verschiedenen Laserbearbeitungsprozessen, wie z.B. Schneiden oder Schweißen, im Baukastensystem abgelegt werden. Für das Beispiel der Reinraumtechnik bedeutet es, daß z.B. die Berechnungsergebnisse der Umströmung von Robotern, Werkstücken, Tischen etc. abgespeichert werden.

Die Bestimmung der Anfangsschätzung aus Einzelkomponentenergebnissen beinhaltet folgende Vorteile:

- Bereits zu Berechnungsbeginn können qualitative Aussagen über das Verhalten des Gesamtsystems erhalten werden.
- Die problemspezifische Wahl der Anfangsschätzung gewährleistet eine zeitoptimierte Berechnungsdurchführung.

- Durch die komponentenbezogene Abspeicherung der Ergebnisdaten ist eine flexible und modulare Verwendung der Ergebnisse möglich.

4.3.1.5 Synthese des Gesamtmodells aus Bausteinen

Das Zusammenspiel der einzelnen Module des Baukastensystems für die Modellgenerierung gibt Abbildung 4.10 wieder. Es ist durch hohe Modularität und Flexibilität gekennzeichnet und bildet für den Produktionsplaner die Basis für eine effiziente und wirtschaftliche Erstellung von optimierten Simulationsmodellen mit guten Anfangsschätzungen und angepaßten Simulationsparametern. Es bildet somit die Grundlage für eine effiziente strömungstechnische Auslegung von Laserzellen, Reinraumfertigungen und Lackierhallen oder anderen Produktionssystemen mit strömungstechnischen Problemstellungen.

4.3.2 Programmtechnische Umsetzung

Im folgenden wird eine kurze Beschreibung der programmtechnischen Umsetzung der einzelnen Planungsmodule auf Basis des Strömungssimulationssystems TASCflow3D gegeben.

4.3.2.1 Das Strömungssimulationssystem TASCflow3D

Das allgemeine Leistungsprofil des Programmsystems TASCflow3D wurde bereits in Abschnitt 3.3.1 in den Abbildungen 3.1 - 3.4 vorgestellt, so daß an dieser Stelle nur die für das Baukastensystem wesentlichen Features einer Betrachtung unterzogen werden sollen. Der prinzipielle Aufbau des Programmes ist in Abbildung 4.11 dargestellt.

Den Kern bildet das Berechnungsprogramm TASCflow, welches die zugrundeliegenden Strömungsdifferentialgleichungen löst. Die Modellerstellung erfolgt im wesentlichen mit Hilfe dreier Programmodule. TASCgrid dient zur Erstellung der Geometriedaten und des Berechnungsgitters, TASCbob zur Eingabe der Randbedingungen und TASCtool zur Bestimmung einer Anfangsschätzung. TASCtool dient darüberhinaus als Postprozessor und ermöglicht die graphische Darstellung der Ergebnisse. Die Steuerung der Berechnung erfolgt über ein ASCII-Parameterfile. Alle Programmodule basieren auf der makroorientierten Kommandosprache ACL "ASC Command

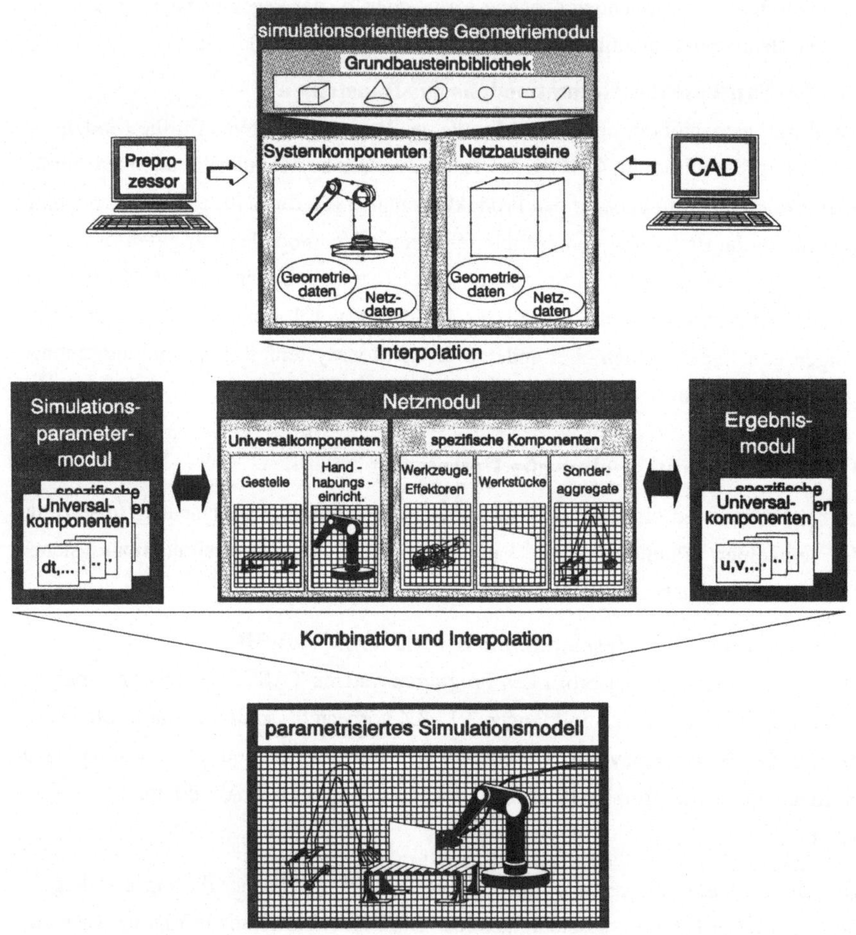

Abb. 4.10: Synthese des Gesamtmodells aus Bausteinen

Language" mit Implementation eines Fortran-Befehlssatzes [TASC 92], der als Basis
für Interpolations- und Berechnungsroutinen dienen kann. Dies ermöglicht den modularen Aufbau der einzelnen Programmodule sowie die Implementierung von exter-

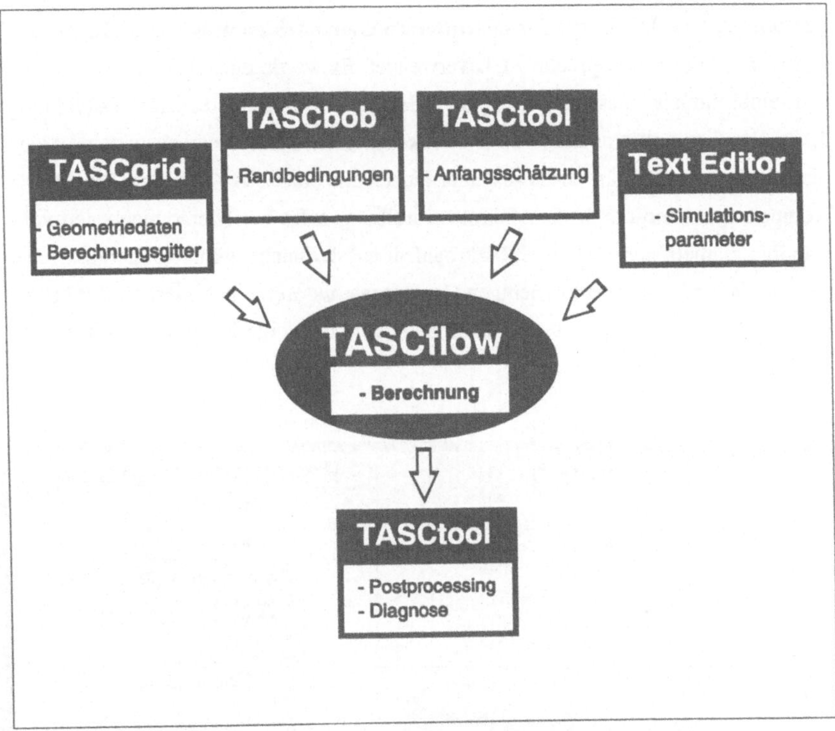

Abb. 4.11: Programmaufbau von TASCflow3D

nen Benutzerroutinen und bietet somit eine gute Grundlage für die Entwicklung eines Baukastensystems. Durch die Verwendung blockstrukturierter Gitter auf Grundlage einer hybriden FE/FV-Methode werden prinzipiell nicht-orthogonale, körperange-paßte Gitter und eine physikalisch konservative Koppelung mehrerer Blöcke mit un-strukturierten Interfaces unterstützt.

4.3.2.2 Beschreibung der realisierten Module

Zum leichteren Verständnis orientiert sich die Beschreibung der Module an der Rei-henfolge der in Abbildung 4.10 dargestellten Synthese des Gesamtmodells aus Bau-steinen.

Für den Aufbau des **simulationsorientierten Geometriemoduls** wurde die makroorientierte Kommandosprache ACL verwendet. Es wurde eine strukturierte Grundbausteinbibliothek, basierend auf einer Hierarchiestruktur, realisiert (Abbildung 4.12). Die Geometriemodelle von Systemkomponenten und Netzbausteinen werden hierbei aus Basiskörpern, diese aus Oberflächen und diese aus Kurven aufgebaut. Die Komponenten sind durch die Makrobeschreibung auf allen Hierarchieebenen vollständig parametrisiert und durch Makroaufruf auf der nächst höheren Hierarchieebene modular und flexibel zu beliebigen Geometriestrukturen kombinierbar. Der hierarchische Aufbau gewährleistet darüberhinaus eine beliebige Erweiterbarkeit der Bibliothek auf allen Ebenen.

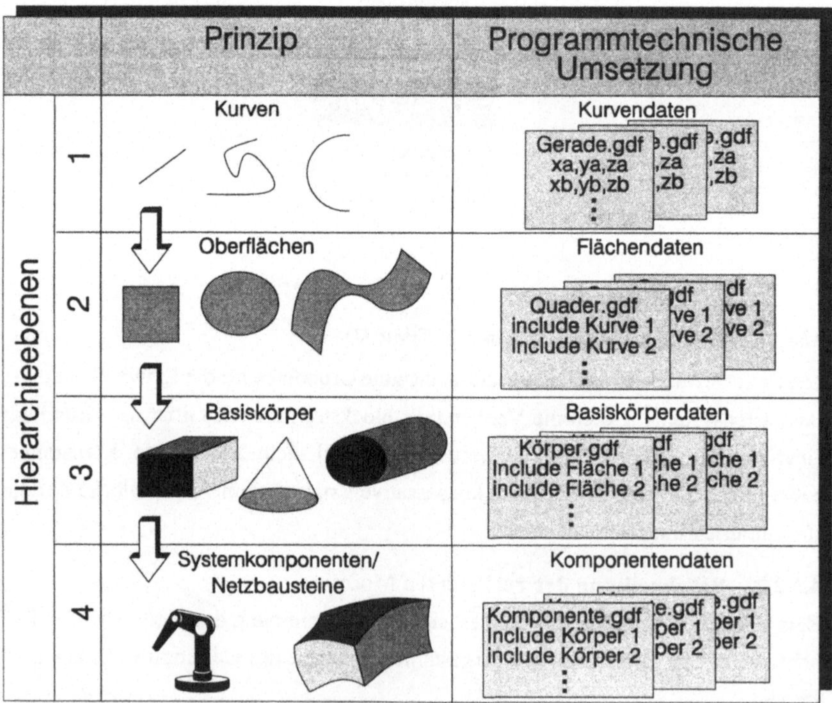

Abb. 4.12: Hierarchischer Aufbau von Geometriemodellen

Im Rahmen der Arbeit wurden das Geometriemodul sowie alle anderen Module exemplarisch für zwei konkrete produktionstechnische, strömungstechnisch stark unterschiedliche Problemstellungen aufgebaut. Es handelt sich hierbei zum einen um die Auslegung von Absauganlagen für die Lasermaterialbearbeitung, zum anderen um die strömungstechnische Optimierung von Reinraumfertigungen. Das realisierte Geometriemodul besteht aus 41 Systemkomponenten (z.B. Roboter, Robotergreifer, Laserköpfe, Werkstücke, Ablageplatten, Halterungen etc.) und zugehörigen Netzbausteinen, 5 Basiskörpern, 7 Oberflächen und 9 Kurven.

Die realisierte simulationsorientierte Systemkomponenten- und Netzbausteinbibliothek (Abbildung 4.13) besteht aus strukturiert abgelegten, voll parametrisierten Geometrie- und korrespondierenden Oberflächengitterinformationen für die Systemkom-

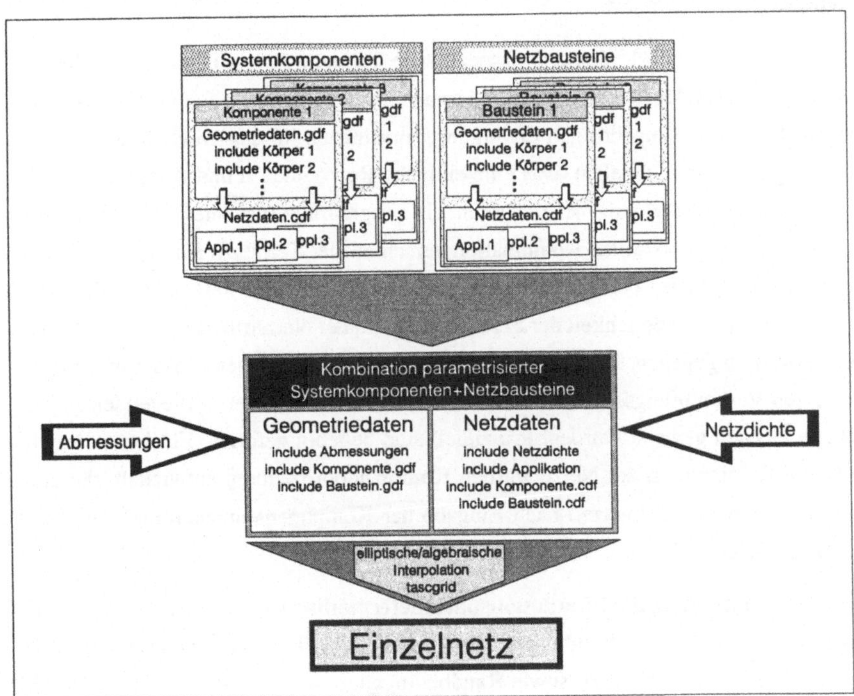

Abb. 4.13: Simulationsorientiertes Geometriemodul

ponenten (siehe oben) und die sie umgebenden Netzbausteine. Die Gitterinformationen werden hierbei applikationsspezifisch für die jeweils auftretenden produktionstechnischen Strömungsprobleme abgespeichert. So können beispielsweise bei der Laserschweiß- und -schneidbearbeitung die gleichen Werkstückgeometrien auftreten, die Berechnungsknotenverteilung muß aber aufgrund der unterschiedlichen Prozesse verschieden gewählt werden. Im Rahmen dieser Arbeit wurden 82 Oberflächengitterinformationen für die einzelnen Komponenten der Laser- und Reinraumanwendungen abgelegt. Durch eine makrobasierte Eingabe von Abmessungen, Lage, Orientierung und Netzdichte sind beliebige Bausteine flexibel miteinander kombinierbar. Die Netzinterpolation im Strömungsraum wird vollautomatisch vom programmspezifischen Preprozessor unter Zuhilfenahme elliptischer und algebraischer Interpolationsalgorithmen durchgeführt.

Im **Netzmodul** sind 41 applikationsspezifische Teilnetze, wie z.B. Roboter, Ablageplatten, Werkstücke, Werkzeuge (z.B. Laserschneid- und -schweißköpfe), Absauganlagen etc., mit den zugehörigen Erzeugungsvorschriften für das simulationsorientierte Geometriemodul abgelegt, was eine einfache Reproduktion und Änderbarkeit der Netze erlaubt (Abbildung 4.14). Durch die programmimmanente Möglichkeit der physikalisch konservativen Kombination verschiedener Teilnetze unterliegen die abgelegten Einzelnetze bezüglich ihres separaten Gitteraufbaus keinen Restriktionen. Hierdurch ist die Möglichkeit der Erzeugung optimaler Netzstrukturen für die Einzelkomponenten gegeben. Es muß lediglich eine geometrische Übereinstimmung der jeweiligen Verknüpfungsebenen bestehen, wobei im Rahmen der vorliegenden Arbeit ebene Flächen gewählt wurden. Prinzipiell sind beliebig geformte Flächen möglich. Für die Kombination der Netze wurden Kommandoprozeduren entwickelt, die eine Kombination von Teilnetzen nach Eingabe der Komponentennamen und Verknüpfungsebenen erlauben.

Bei der Realisierung des **Simulationsparametermoduls** wurde, dem Programmaufbau von TASCflow (Abbildung 4.11) folgend, eine Trennung zwischen Berechnungs- und Stoffparametern sowie Randbedingungen vorgenommen (vgl. auch Abschnitt 4.3.1.3). Die komponenten- und applikationsspezifischen Berechnungs- und Stoffparameter sind hierbei gemeinsam in jeweils einem Parameterfile abgelegt, die

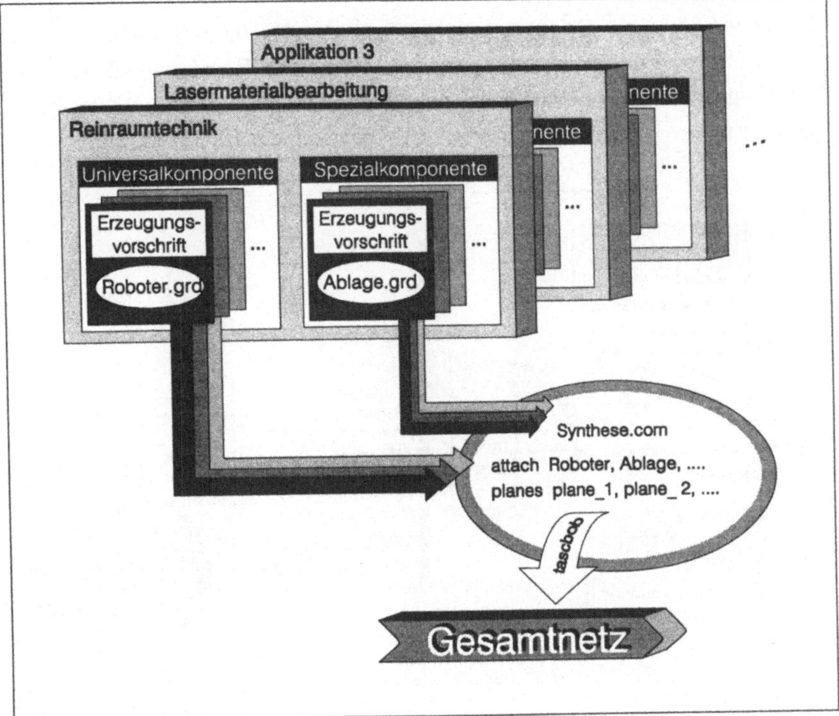

Abb. 4.14: Netzmodul

Randbedingungen in einem jeweiligen Randbedingungsfile. Die Files sind stand-ardisiert aufgebaut, was einen computertechnischen Vergleich ermöglicht.

Bei der Erzeugung des Parameterfiles für das Gesamtmodell werden die Stoffpara-meter der Einzelkomponenten, wie z.B. die Dichte des Prozeßgases im Laserschneid-kopf oder Werkstoffkennwerte des bearbeiteten Werkstücks, sowie die jeweils über-einstimmenden Berechnungsparameter direkt übernommen. Voneinander abweichen-de quantitative Berechnungsparameter, wie z.B. Zeitschritte, Anzahl an Iterationen etc., werden einer arithmetischen Mittelung unterzogen, was nach den im Lauf der Arbeiten gewonnenen Erfahrungen insgesamt gute Ergebnisse gewährleistet. Bei qualitativen Berechnungsparametern, wie z.B. Aufwindverfahren etc., erfolgt eine

Auswahl des numerisch stabileren Verfahrens, was bei dem im Vergleich zu den Einzelmodellen komplexeren Gesamtmodell zu einem stabilen Berechnungsablauf führt. Das resultierende Parameterfile kann nach Bedarf interaktiv verändert werden (Abbildung 4.15).

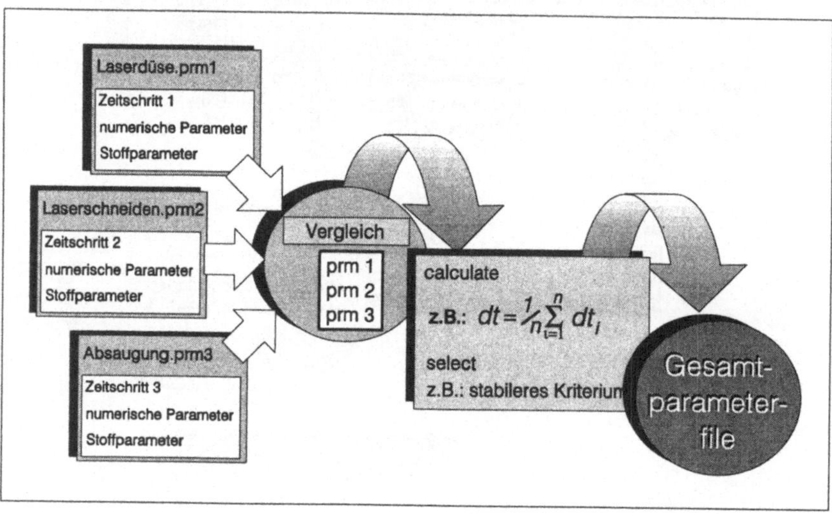

Abb. 4.15: Bestimmung von Berechnungs-/Stoffparametern am Beispiel einer Laserzelle

Die Erstellung des Gesamtrandbedingungsfiles erfolgt analog. Die Randbedingungen der Einzelkomponenten, wie z.B. Wandrandbedingungen, Einlaßrandbedingungen etc., werden übernommen und damit Parameter für das Gesamtmodell gebildet. Das resultierende Randbedingungsfile kann ebenfalls nach Bedarf interaktiv verändert werden.

Im **Ergebnismodul** sind komponenten- und applikationsspezifisch insgesamt 41 konvergente Berechnungsergebnisse aus Einzelkomponentensimulationen mit den korrespondierenden Simulationsparametern abgespeichert. Für die Bestimmung einer Anfangsschätzung aus Teilergebnissen wurden Makros auf Basis der Kommandosprache ACL entwickelt, die nach der Kombination der Teilnetze zum Gesamtnetz die Einzelergebnisse auf die entsprechenden Teilbereiche des Gesamtnetzes interpolieren und hierbei der möglichen Änderung von globalen und lokalen Randbedingungsparametern Rechnung tragen (Abbildung 4.16). Ändert sich ein globaler Randbedingungsparameter, wie z.B. die globale Durchströmungsgeschwindigkeit des Reinraumes oder die Umgebungstemperatur, so wird dies durch Vektoraddition berücksichtigt. Ändert sich ein lokaler Randbedingungsparameter, wie z.B. eine Düseneinblasgeschwindigkeit oder eine Laserprozeßtemperatur, so werden auf die globalen Umgebungsbedingungen normierte Multiplikationsfaktoren gebildet. Hierbei werden Vektoren durch Einzelkomponenten ersetzt.

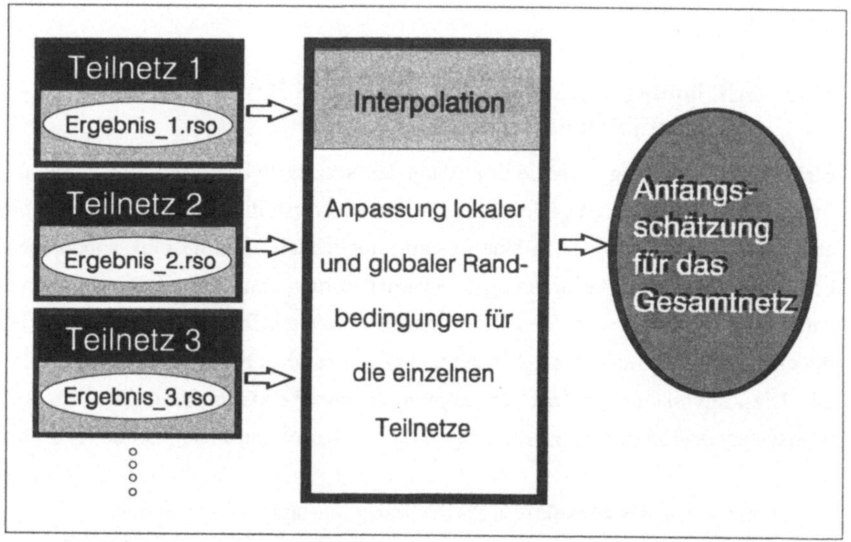

Abb. 4.16: Bestimmung einer Anfangsschätzung

Ändert sich als lokaler Randbedingungsparameter beispielsweise die Prozeßtemperatur von T_{P1} auf T_{P2} bei einer Umgebungstemperatur von T_U, so ergibt sich ein relativer Änderungsfaktor von $F_{T1} = (T_{P2} - T_U)/(T_{P1} - T_U)$ für die Ergebnisfelder. Eine zu den Umgebungsbedingungen relative Multiplikation der Ergebnisfelder mit den Multiplikationsfaktoren, z.B. $T_{neu} = (T_{alt} - T_U) \cdot F_{T1} + T_U$, ergibt eine an die aktuellen Randbedingungen angepaßte Anfangsschätzung des Ergebnisfeldes.

Die einzelnen Module wurden zu einem Gesamtsystem analog Abbildung 4.10 integriert und erfüllen somit die in Abschnitt 4.2.3 definierten Anforderungen an die Simulationsmodellerstellung mit Hilfe eines Baukastensystems.

4.4 Hilfsmittel zur Systembewertung und -optimierung

Eine allgemeine Voraussetzung für die Optimierung von Systemen und Komponenten ist die Definition geeigneter Bewertungskriterien für den zu untersuchenden Sachverhalt sowie die Ableitung verschiedener Möglichkeiten der Einflußnahme [SPIE 84]. Weiterhin sind geeignete Strategien für eine zeiteffiziente Optimierung notwendig.

4.4.1 Strömungstechnische Zielgrößen und Bewertungskriterien - Systemfähigkeitskennwert

Eine Systembewertung stellt die Ermittlung des Nutzens in bezug auf eine vorher definierte Zielvorstellung dar. Die Definition von Zielvorstellungen ist hierbei eine unabdingbare Voraussetzung, da eine Lösungsmöglichkeit nicht absolut, sondern nur bezüglich bestimmter Anforderungen bewertet werden kann. Eine Bewertung kann entweder zwischen verschiedenen Lösungsalternativen erfolgen oder bei Vergleich mit einer "idealen" Lösung als Annäherung an dieses Ideal betrachtet werden [PAHL 84]. Die Zielvorstellungen bei der strömungstechnischen Optimierung von Produktionssystemen sind problemspezifisch und in der Regel zunächst qualitativer Natur, z.B.:

- Vermeidung des konvektiven Partikeltransports und des Partikelniederschlages auf Oberflächen bei reinraumtechnischen Anwendungen [DEGE 92].

- Effektiver und kostenminimaler Abtransport von Schadstoffen aus dem Arbeitsbereich bei Materialbearbeitungsvorgängen [KATT 91].

Durch eine Betrachtung des applikationsabhängigen Strömungsfeldes anhand einer Visualisierung der Simulationsergebnisse kann die Erfüllung dieser Zielkriterien qualitativ untersucht werden. So ist durch die Verwendung von Vektorschnittdarstellungen oder Flächenplots ein Vergleich verschiedener Alternativen in Bezug auf die

Zielerfüllung möglich. Hiermit können beispielsweise die Schadstofferfassung durch unterschiedliche Absaugkonzepte bei der Lasermaterialbearbeitung oder die Strömungsverhältnisse in Reinraumsystemen visualisiert werden. Allerdings ist diese Art der Bewertung zeitaufwendig und erschwert durch die Verwendung von Schnittdarstellungen eine gesamtheitliche Betrachtung des Strömungsgebietes. Für eine effiziente und vollständige Bewertung erscheint deshalb die Bestimmung quantitativer, integraler Bewertungskriterien, die ein Maß für die Erfüllung der Zielvorstellungen darstellen, sinnvoll.

Die qualitativen Zielvorstellungen sind hierfür zunächst in einem ersten Schritt applikationsspezifisch durch strömungstechnische Zielgrößen, wie z.B. Luftgeschwindigkeiten und Schadstoffkonzentrationen, zu detaillieren und zu quantifizieren. Für die in der Produktionstechnik auftretenden Strömungsprobleme ergeben sich im wesentlichen folgende quantitativen Bewertungskriterien, deren genaue Verwendung und Zielgröße je nach Problemstellung spezifisch zu wählen sind:

- Strömungsgeschwindigkeit
- Strömungsrichtung, quantifizierbar durch Richtungsvektoren
- Turbulenzgrad
- Temperatur
- Schadstoff- und Partikelkonzentration
- Zeit

Mit Hilfe dieser Bewertungskriterien können insbesondere Abweichungen von idealen Zielvorstellungen quantifiziert und für verschiedene Alternativkonzepte gegenübergestellt werden. So stellt beispielsweise die Schadstoffkonzentration ein Maß für die Güte einer Schadstofferfassung dar, und die Strömungsgeschwindigkeit gibt Aufschluß über den zielgerichteten Abtransport von Partikeln.

Eine einfache und schnelle Bewertung verschiedener Lösungsvarianten, z.B. Absaugkonzepte, kann in einem zweiten Schritt durch eine numerische, integrale Mittelwertbildung der quantitativen Bewertungskriterien über geeignet gewählte Bewertungsräume oder -flächen erfolgen. Dies ermöglicht eine globale und zeitsparende Bewertung der quantifizierten Zielgrößen und gewährleistet die direkte Vergleichbarkeit verschiedener Alternativkonzepte. Bewertungsräume werden hierbei bei Bewertungskriterien mit dreidimensionalem Charakter, wie z.B. Partikelkonzentrationen im Raum, Bewertungsflächen bei Kriterien mit zweidimensionalem Charakter, wie z.B. Absaugvolumenströmen, benötigt.

Einen dritten Schritt stellt die Bewertung von unterschiedlichen Systemvarianten anhand einer einzelnen Kennzahl dar. Analog einer systemtechnischen Betrachtungsweise können die integralen Einzelkriterien gewichtet zu einem "Systemfähigkeitskennwert" zusammengesetzt werden. Unter Systemfähigkeit wird hierbei die Fähigkeit eines komplexen Systems verstanden, beim Zusammenspiel aller Komponenten unter Berücksichtigung äußerer Einflüsse und innerer Wechselwirkungen, definierte Ziele, wie z.B. Betriebskostenminimierung, optimaler Abtransport von Schadstoffen, Vermeidung eines Partikelniederschlages am Produkt etc., zu erfüllen. Äußere Einflüsse auf die Strömung können beispielsweise durch sich ändernde Randbedingungen, wie z.B. Raumströmungen und Umwelteinflüssen, innere Wechselwirkungen durch gegenseitige strömungstechnische Beeinflussungen von Systemkomponenten, wie z.B. Robotern und Werkstücken, induziert werden. Abbildung 4.17 gibt den Zusammenhang zwischen Zielgrößen, Einflüssen und der Systemfähigkeit wieder. Die Ermittlung eines Systemfähigkeitskennwertes, der für jedes produktionstechnische Problem applikationsspezifisch zu detaillieren ist, gewährleistet eine einfache, schnelle und einheitliche strömungstechnische Bewertung von Produktionssystemen unter Berücksichtigung äußerer und innerer Einflüsse. Die Einführung eines strömungstechnischen Systemfähigkeitskennwertes stellt somit die Grundlage für eine Systemoptimierung dar. Eine konkrete Definition der Systemfähigkeitskennwerte wird in Kapitel 5 exemplarisch für die Auslegung von Absauganlagen für die Lasermaterialbearbeitung sowie für die strömungstechnische Optimierung von Reinraumfertigungen vorgenommen.

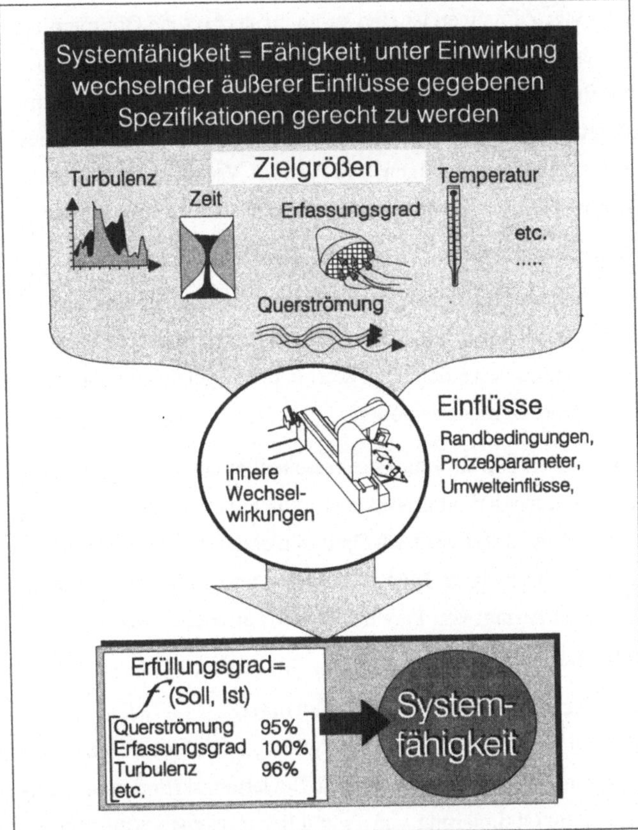

Abb. 4.17:
Begriff der Systemfähigkeit

4.4.2 Hilfsmittel zur Optimierung der Systemfähigkeit

4.4.2.1 Möglichkeiten der Einflußnahme zur Optimierung der Systemfähigkeit

Analog den in Abbildung 4.17 dargestellten Einflüssen, die eine entscheidende Wirkung auf die Erfüllung der zugrundegelegten Zielgrößen haben, lassen sich die Möglichkeiten der Einflußnahme zur Optimierung der strömungstechnischen Systemfähigkeit von Produktionssystemen im wesentlichen in zwei Kategorien einteilen:

Variation äußerer Einflüsse: Zum einen ist eine strömungstechnische Optimierung durch eine Variation von äußeren Einflüssen, wie z.B. Randbedingungen, Prozeßparametern und Umwelteinflüssen möglich. So ist beispielsweise durch die Änderung globaler Strömungsbedingungen, wie z.B. der Durchströmungsgeschwindigkeit eines Raumes, sowie lokaler Strömungsbedingungen, wie z.B. des Volumenstromes lokaler Absaugungen, die Erzeugung unterschiedlichster Strömungsverhältnisse möglich.

Variation geometrischer Parameter: Zum anderen können durch eine strömungstechnisch günstige Gestaltung und Anordnung von Systemkomponenten die inneren Wirkzusammenhänge des strömungstechnischen Gesamtsystems in Bezug auf die festgelegten Zielsetzungen optimiert werden. Dies setzt in der Regel die Veränderung von Geometrieparametern in der Simulation voraus.

Die Variation der geometrischen und strömungstechnischen Parameter kann zum einen von Hand erfolgen. Durch wiederholtes Verändern von Parametern und Vergleichen von Ergebnissen kann somit sukzessive ein Optimum erzielt werden. Allerdings entsteht schnell eine nicht überschaubare Menge an Daten und darüberhinaus sind, bei Verwendung einer großen Anzahl von Parametern, sehr effiziente Strategien für die Parametervariation nötig [FISC 91].

4.4.2.2 Einsatz numerischer Optimierungsalgorithmen

Eine Lösungsmöglichkeit ist die Verwendung rechnergestützter mathematischer Optimierungsalgorithmen, die unter Vorgabe festgelegter Bewertungskriterien eine numerische strömungstechnische Optimierung von Produktionssystemen ermöglichen. Voraussetzungen für eine numerische Optimierung sind ein voll parametrisiertes Simulationsmodell sowie die einfache Bewertung von Lösungsvarianten mit Hilfe von Kennzahlen [WECK 92, DIES 88]. Durch das in Abschnitt 4.3 entwickelte modulare Baukastensystem sowie durch die Einführung des Systemfähigkeitskennwertes in Abschnitt 4.4.1 sind diese Voraussetzungen erfüllt. Deshalb ist ein Ziel im Rahmen dieser Arbeit, ein numerisches Optimierungsmodul an das Baukastensystem anzubinden, mit dessen Hilfe komplexe Produktionssysteme strömungstechnisch optimiert werden können. Insbesondere muß der in Abschnitt 4.3 entwickelten Baukastenstruktur Rechnung getragen werden.

4.4.3   Programmtechnische Umsetzung

Im folgenden wird eine kurze Beschreibung der programmtechnischen Umsetzung auf Basis des Strömungssimulationssystems TASCflow3D gegeben.

4.4.3.1   Bestimmung des Systemfähigkeitskennwertes

Die Bestimmung des Systemfähigkeitskennwertes basiert auf einer Mittelwertbildung der quantitativen Bewertungskriterien über ausgewählte Bewertungsräume bzw. -flächen. Hierbei werden die Bewertungskriterien zunächst über die Bewertungsräume bzw. -flächen numerisch integriert und auf das jeweilige zwei- bzw. dreidimensionale Bewertungskontrollvolumen bezogen. Für die numerische Integration wurde hierbei basierend auf der makroorientierten Kommandosprache ACL eine Integrationsroutine nach dem Verfahren von Gauß-Legendre entwickelt [REDD 84]. Hierbei erfolgt eine elementweise Integration der Bewertungskriterien, wobei die Genauigkeit der Integration durch Lagrange-Funktionen bestimmt wird. Im Rahmen dieser Arbeit wurde hierfür eine Integration erster Ordnung verwendet. Durch die numerische Integration der Bewertungskriterien erfolgt auch eine Bestimmung der Kontrollvolumina, so daß diese direkt durch Summation für die Mittelwertbildung verwendet werden können. Die Routinen für die integrale Mittelwertbildung wurden sowohl dreidimensional als auch zweidimensional ausgeführt und als Makros für die flexible Verwendung für applikationsspezifische Bewertungskriterien zur Verfügung gestellt.

Die Bestimmung des Systemfähigkeitskennwertes erfolgt ebenfalls mit Hilfe der makroorientierten Kommandosprache ACL. Hierbei werden applikationsspezifisch die ermittelten integralen Bewertungskriterien durch Makroaufruf in ein gemeinsames File importiert und mit Hilfe eines Soll/Ist-Vergleiches ihr Erfüllungsgrad bezüglich einer idealen Vorgabe errechnet. Durch die gewichtete Addition der Erfüllungsgrade der einzelnen Bewertungskriterien erfolgt anschließend die Bestimmung des Systemfähigkeitskennwertes, wobei der höchstmögliche Wert 100 % beträgt. Die Gewichtung muß hierbei applikationsspezifisch erfolgen.

4.4.3.2 Anbindung an numerische Optimierungsroutinen

Die von [DIES 88] für die Optimierung von Montageprozessen entwickelte und von [FISC 91] für die Optimierung einfacher Reinraumfertigungsgeräte angewandte Methode wurde auf die strömungstechnische Optimierung geometrisch komplexer, zusammengesetzter Produktionssysteme übertragen. Hierbei stehen unterschiedliche, von [DIES 88] in ein Rechenprogramm implementierte, direkte mathematische Optimierungsverfahren zur Verfügung. Im wesentlichen eignen sich folgende Verfahren, wobei der jeweilige Einsatz von der Problemkomplexität und von der Anzahl der zu verändernden Parameter abhängt [FISC 91]:

- Extrem (DSC)
- Intervallschachtelung
- Rosenbrock-Verfahren
- Minuit (Cern Optimierung)
- Simplexverfahren
- Davidon-Fletcher-Powell-Methode
- Hooke-Jeeves-Methode
- Powell mit Brent-Interpolation
- Powell mit Golden Search
- Simplex

Die Optimierungsroutinen wurden mit den Integrationsroutinen für die Bestimmung der Erfüllungsgrade der Einzelkriterien und des Systemfähigkeitskennwertes sowie dem Programmpaket TASCflow3D gekoppelt. Es wurde eine Schnittstelle entwikkelt, die eine Variation der Geometrie- und Einflußparameter ermöglicht und dabei eine automatische Gesamtmodelloptimierung unter Synthese der optimierten Einzelnetze erlaubt. Hierbei wird das Ziel verfolgt, jedes Einzelkriterium und damit die Systemfähigkeit insgesamt zu optimieren.

4.5 Synthese der Einzelmodule zu einer gesamtheitlichen Planungsmethode

Die in den vorhergehenden Abschnitten vorgestellten Einzelmodule wurden schließlich zu einem gesamtheitlichen Planungssystem auf einem VAX-Cluster mit Hilfe von Pascal-Programmen und Kommandoprozeduren programmtechnisch verbunden (Abbildung 4.18).

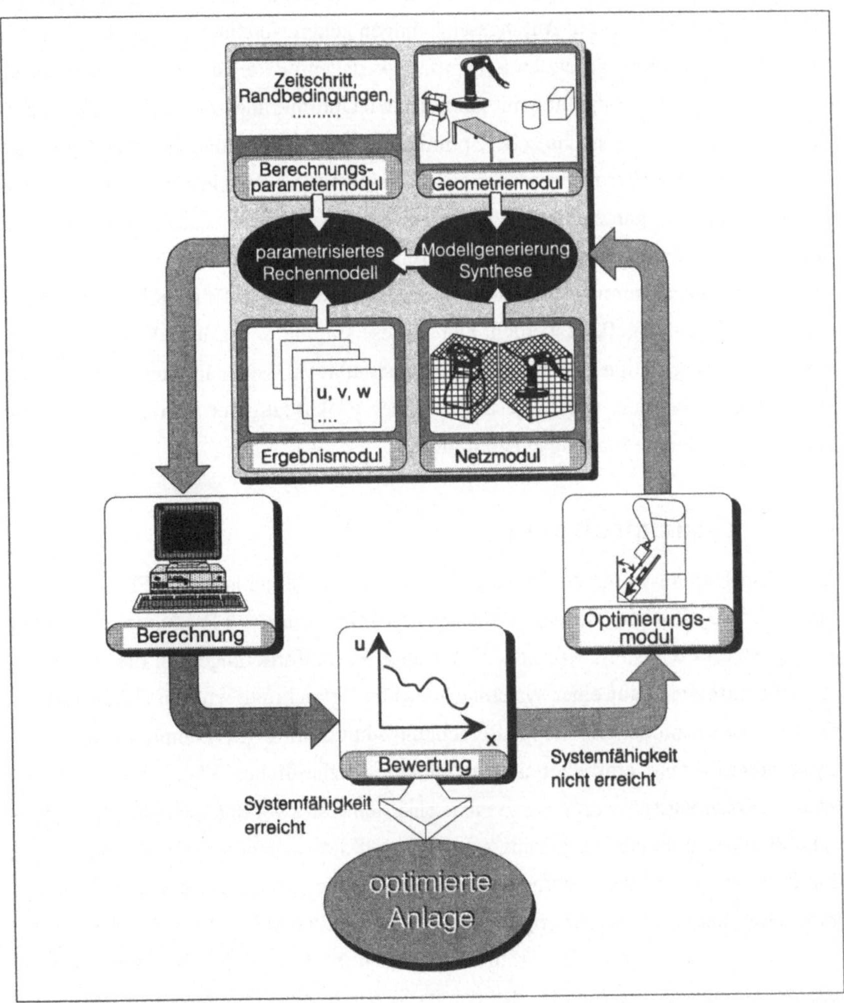

Abb. 4.18: Planungsstrategie zur strömungstechnischen Optimierung von Produktionssystemen

Hiermit steht ein effizientes Hilfsmittel für die strömungstechnische Optimierung komplexer Produktionssysteme in der frühen Planungsphase zur Verfügung. Es ist durch einen modularen, vollparametrisierten Modellaufbau mit der Wahl geeigneter Berechnungsparameter und Anfangsschätzungen gekennzeichnet. Durch die Bestimmung eines zusammengesetzten Systemfähigkeitskennwertes erfolgt eine effiziente Bewertung, und die Koppelung mit numerischen Optimierungsroutinen gewährleistet eine schnelle strömungstechnische Optimierung mit Hilfe mathematischer Optimierungsalgorithmen. Hiermit werden die in Abschnitt 4.2.3 definierten Anforderungen an eine effiziente, ganzheitliche Planungsstrategie erfüllt. Insbesondere können im Sinne eines Simultaneous Engineering schnelle Variantenuntersuchungen in der Konzeptionsphase durchgeführt und die Ergebnisse bereits frühzeitig in den Planungsprozeß zurückgeführt werden. Durch diese simulationsbasierte Planungsstrategie können langfristige experimentelle und simulative Untersuchungen vermieden bzw. reduziert werden, was insgesamt zu einer Verkürzung der Entwicklungszeiten und zu einer höheren Planungsqualität führt.

4.6   Zusammenfassung

In diesem Kapitel wurde ein simulationsbasiertes, allgemeingültiges Planungshilfsmittel für die effiziente strömungstechnische Optimierung von Produktionssystemen konzipiert und realisiert. Nach der Ermittlung der Anforderungen an die Planungsstrategie aufbauend auf einer systemtechnischen Betrachtung wurden Hilfsmittel für die Simulationsmodellerstellung, Berechnungsdurchführung, Systembewertung und Systemoptimierung erarbeitet und zu einem ganzheitlichen Planungssystem verknüpft. Exemplarisch wurde ein Baukastensystem für zwei unterschiedliche, praktische Problemstellungen aufgebaut, zum einen für die Auslegung von Absauganlagen für die Lasermaterialbearbeitung, zum anderen für die strömungstechnische Optimierung komplexer Reinraumfertigungen. Mit dem entwickelten System steht für die Lösung strömungstechnischer Problemstellungen im Bereich der Produktionstechnik ein Hilfsmittel zur Verfügung, das bereits in der frühen Planungsphase komplexer Produktionssysteme eine Berücksichtigung strömungstechnischer Fragestellungen erlaubt.

5 Untersuchungen komplexer produktionstechnischer Problemstellungen mit Hilfe des Baukastensystems

5.1 Zielsetzung

Ziel dieses Kapitels ist die exemplarische Anwendung der entwickelten Planungsmethode auf komplexe produktionstechnische Problemstellungen. Hierbei soll das Baukastensystem zunächst zur Entwicklung optimierter Absauganlagen für die Schadstoffbeseitigung bei der Lasermaterialbearbeitung angewandt und anschließend für die strömungstechnische Optimierung komplexer Reinraumfertigungen mit dem Ziel der Minimierung der Produktkontamination verwendet werden. Hiermit wird die Allgemeingültigkeit und Übertragbarkeit der in Kapitel 4 entwickelten Vorgehensweise dargestellt.

5.2 Immissionsminimierung bei der Lasermaterialbearbeitung

5.2.1 Situationsanalyse

Schadstofferfassungseinrichtungen für die Anwendung bei der Lasermaterialbearbeitung können prinzipiell in drei Arten eingeteilt werden [VDI 2262] (Abbildung 5.1):

- Geschlossene Bauart: Hier ist die Schadstoffquelle an allen Seiten von der Erfassungseinrichtung umschlossen. Um einen Stoffaustritt zu verhindern, wird so viel Luft abgesaugt, daß an allen nicht vermeidbaren Öffnungen die Luft von außen nach innen strömt. Beispiele: Kapselung, Einhausung.

- Halboffene Bauart: Hier ist die Umkleidung nach einer Seite offen und Luft strömt von außen in das Innere der Verkleidung. Beispiele: Absaugstand, Teileinkleidung, düsenintegrierte Absaugung.

- Offene Bauart: Zwischen der Erfassungsquelle und der Schadstoffquelle besteht ein Abstand und die Außenluft strömt aus allen Richtungen nach. Beispiele: Saugrohr, Absaughaube.

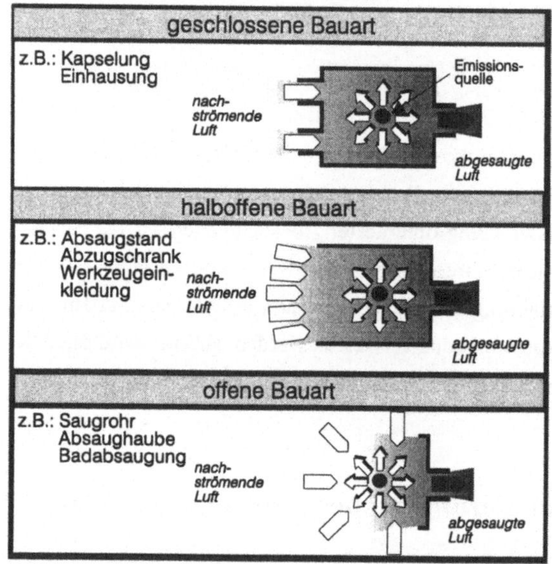

Abb. 5.1: Bauarten von Erfassungselementen [VDI 2262]

Um einen Überblick über die bei der Lasermaterialbearbeitung eingesetzten Absauganlagen und die damit verbundenen Probleme zu erhalten, wurde eine Umfrage bei 16 Laseranlagenherstellern, 27 Laserlohnbetrieben und 12 Absauganlagenherstellern in Deutschland durchgeführt.

Für den Bereich der zweidimensionalen, ebenen Blechbearbeitung werden hauptsächlich ortsfeste Tischabsaugungen in Verbindung mit ortsfesten und -veränderlichen Punktabsaugungen verwendet. Beim Einsatz einer fliegenden Optik hat sich hierbei für das Laserschneiden das Kammerabsaugverfahren bewährt, bei dem unter dem zu bearbeitenden Blech ein segmentierter Arbeitsraum liegt. Je nach Stellung der Arbeitsdüse wird rechnergesteuert nur die jeweils nötige Kammer abgesaugt, was zu einer Reduktion der Gebläseleistung führt.

Bei der dreidimensionalen Lasermaterialbearbeitung sowie bei komplexen Geometrien werden hauptsächlich Einhausungen verwendet, die mit Unterdruck abgesaugt werden. Hierbei ergeben sich Probleme durch die hohen abzusaugenden und zu filternden Luftmengen mit korrespondierenden hohen Kosten. Durch das fast ausschließliche Betreiben der Absauganlagen im Abluftbetrieb entstehen darüberhinaus erhebliche Kosten für die Aufheizung der angesaugten Frischluft. Bei der Verwendung lokaler Absaugelemente für die Erfassung der Schadstoffe bei der dreidimensionalen Bearbeitung entstehen Probleme bei der Schlauch- und Nachführung sowie bei der Gestaltung, Dimensionierung und Anordnung der Absaugelemente. Insbesondere erlauben verschiedene Randbedingungen, wie z.B. Platzverhältnisse, praxisgerechte Funktionalität und notwendige Fertigungsfunktionen, meist nicht die Anbringung der Absaugung direkt am Entstehungsort der Schadstoffe. Die Planung und Konzeption von Absaugelementen wird hauptsächlich den Absauganlagenherstellern überlassen, wobei meistens Standardlösungen an die bereits fertige Laseranlage angebaut werden.

Bisher fehlen konkrete Richtlinien und Planungshilfsmittel, die eine angepaßte Auslegung und Optimierung von Absauganlagen für spezifische Laseranlagen und -prozesse ermöglichen (vgl. auch Abschnitt 1.2.2). Abhilfe von dieser unbefriedigenden Situation kann der Einsatz des in Abschnitt 4 entwickelten Baukastensystems zur strömungstechnischen Optimierung von Produktionssystemen liefern, das es bereits dem Laseranlagenhersteller ermöglicht, in der frühen Planungsphase eine optimale Auslegung von angepaßten Absauganlagen vorzunehmen.

5.2.2 Grundlagen für die simulative Optimierung von Absauganlagen

Im folgenden werden die laserspezifischen Grundlagen, die es beim Aufbau und bei der Anwendung des Baukastensystems für die simulative Optimierung von Absauganlagen zu beachten gilt, erläutert.

5.2.2.1 Grunddaten für die Simulation von Laseranlagen

Für eine numerische Simulation von Schadstoffausbreitungsvorgängen sowie die Auslegung von Absauganlagen kommen prinzipiell alle in Abbildung 1.3 dargestellten Lasermaterialbearbeitungsverfahren in Frage. Je nach Art des zu untersuchenden Prozesses sind die für die numerische Simulation notwendigen Grunddaten im Baukastensystem zur Verfügung zu stellen. Diese lassen sich gemäß Abschnitt 4 in Geometriedaten, Berechnungsparameter, physikalische Stoffwerte und Randbedingungen aufteilen.

Geometriedaten

Geometriedaten müssen für alle für die strömungstechnische Auslegung von Absauganlagen wesentlichen Anlagenkomponenten ermittelt werden:

- Geometrie des Bearbeitungsraumes (Anlagen, Tische, Öffnungen etc.)
- Geometriedaten der Absauganlage
- Werkstückgeometrie (Dicke, Form)
- Bearbeitungsdüsengeometrie
- relative Lage Düse - Werkstück (Abstand, Anstellwinkel etc.)
- beim Schneiden: Form des Schnittspaltes (Breite, Rauhigkeit, Flankenwinkel, Rillennachlaufwinkel, Konturlinien der Schnittfront parallel zur Werkstückoberfläche etc.)
- beim Schweißen: Art und Geometrie der Schweißnaht (T-Stoß, Überlappnaht, Auftragsschweißen), Geometrie des Schmelzbades
- beim Abtragen: Form der Abtragfuge

Berechnungsparameter

Berechnungsparameter werden zur Steuerung des Simulationsablaufs benötigt:

- Grundlegende Daten zu Festlegung des Problemtyps, turbulente Rechnung, neue Rechnung mit Initialisierung des Strömungsfeldes oder Interpolation aus Teilergebnissen, Wahl des Gleichungslösers, Grad der Integrationsprozeduren, Wahl der Aufwindmethoden, Anzahl der Iterationsschritte. Letztere bestimmen bei konvergentem Lösungsverhalten die Genauigkeit der Ergebnisse sowie die CPU-Intensität. Bei Erreichen eines vorgegebenen Konvergenzkriteriums wird der Rechenlauf abgebrochen, wobei für ingenieurtechnische Anwendungen das Konvergenzkriterium als erreicht gilt, wenn die maximale Änderung der Feldvariablenwerte im

Strömungsfeld von einem zum nächsten Iterationsschritt kleiner als 10^{-4} ist.

- Zeitschritte: Bei der Lösung von instationären Differentialgleichungen ist eine Diskretisierung des Zeittermes notwendig, wobei in der Regel die gleichen Verfahren wie für die räumliche Diskretisierung verwendet werden. Um zu einer stationären Lösung zu gelangen, können die zeitabhängigen Gleichungen iterativ so lange gelöst werden, bis die Änderung der Feldvariablenwerte ein vorgegebenes Maß nicht mehr überschreitet. Die Wahl der Zeitschritte ist wesentlich für ein gutes Konvergenzverhalten der Lösung und ist immer problemspezifisch vorzunehmen.

Physikalische Grundgrößen und Stoffwerte

Folgende Werte müssen für die Simulationsdurchführung bekannt sein:

- Referenzdruck; Referenztemperatur; Gravitation; Stoffgrößen, wie Dichten, Viskositäten, Wärmeleitfähigkeiten, Wärmeübergangskoeffizienten, Wärmekapazitäten und Expansionskoeffizienten.

Randbedingungen

Bei den Randbedingungen muß zwischen allgemeinen und prozeßspezifischen Randbedingungen unterschieden werden.

Allgemeine Randbedingungen: Zu den allgemeinen Randbedingungen zählen Wandrandbedingungen sowie Ein- und Auslaßrandbedingungen für die Laserzelle und die Absauganlage.

- Der Strömungsraum wird begrenzt durch die eingebrachten Anlagen und Komponenten sowie durch das Werkstück und Wände. An diesen Begrenzungsflächen sind Wandrandbedingungen zu definieren.

- Im Falle des Auftretens von Raumöffnungen bzw. des Fehlens von Wänden können Druckrandbedingungen angegeben werden, wobei der Druck sinnvollerweise auf den herrschenden Umgebungsdruck eingestellt wird. Hierdurch erhält das Strömungsfeld die Möglichkeit, sich selbst zu entwickeln. Beim Auftreten von Raumlüftungen können Geschwindigkeits-randbedingungen bzw. Massenströme vorgegeben werden.

- Für Absauganlagen kann ebenfalls der Volumen- bzw. Massenstrom oder eine Geschwindigkeitsrandbedingung definiert werden.

- Für alle Ein- und Auslässe sind Werte für das Turbulenzmodell, also der Turbulenzgrad I und ein Längenmaß für turbulenztragende Wirbel L, anzugeben. In vielen ingenieurtechnischen Problemfällen wird der Turbulenzgrad zwischen 5 und 10 % gewählt, was sich im Rahmen der durchgeführten Untersuchungen auch für den Fall der Lasermaterialbearbeitung als geeignet erwies. Das zugehörige Längenmaß entspricht einer charakteristischen Größe turbulenztragender Wirbel und kann somit als der Durchmesser des zugehörigen Ein- bzw. Auslasses definiert werden.

Prozeßspezifische Randbedingungen: Zu den prozeßspezifischen Randbedingungen zählen Einlaßbedingungen für die Düse sowie Randbedingungen für den Bearbeitungsprozeß.

- Am Einlaß muß je nach Laserprozeßart der auftretende Massenstrom mit korrespondierenden Werten für das Mischungs- und Turbulenzmodell angegeben werden. Gleichzeitig wird hierbei festgelegt, ob die Strömung als kompressibel oder inkompressibel anzusehen ist. Im Falle der Kompressibilität beim Laserschneiden ist zusätzlich die totale Temperatur anzugeben.

- Am Bearbeitungspunkt wird die Bearbeitungstemperatur festgelegt, die den Wärmeübergang zum Prozeßgas bestimmt. Zusätzlich muß der Rauhigkeit der bearbeiteten Oberfläche Rechnung getragen werden.

Im Rahmen dieser Arbeit werden die aufgeführten notwendigen Grunddaten für die Simulation bei der jeweiligen exemplarischen Berechnung der unterschiedlichen Bearbeitungsprozesse und Absaugkonzepte quantifiziert.

5.2.2.2   Spezielle systematische Gesichtspunkte für die Modellerstellung

Bei der numerischen Simulation von Strömungsvorgängen muß der komplette Strömungsraum modelliert werden. Der Strömungsraum ist in diesem Fall durch die Laserzelle, die Laserdüse, das Werkstück mit der zugehörigen Prozeßgeometrie, die Absauganlagen sowie weitere Anlagenkomponenten begrenzt. Entsprechend der Konzeption eines modularen Modellaufbaus mit Hilfe des Baukastensystems (vergleiche Abbildung 4.6) erfolgt der Gesamtmodellaufbau aus einer Zusammensetzung von Einzelnetzen.

Die Qualität des Gesamtmodells und somit der Einzelnetze ist entscheidend für die Güte der Ergebnisse, andererseits hängt von der Feinheit der Diskretisierung auch der Modellierungs- und Rechenaufwand ab. Eine sehr detaillierte Darstellung der Geometrie erfordert eine hochauflösende Diskretisierung des Strömungsraumes, was schnell zu Kapazitätsproblemen führen kann. Die Detaillierung des Modells und damit der Einzelnetze muß sich demzufolge auf die wesentlichen strömungsbestimmenden und -beeinflussenden Geometrien beschränken. So sind insbesondere die innere Düsengeometrie zur Gasstrahlformung, die Geometrie des Werkstückes und des Bearbeitungspunktes sowie die Geometrie der Absauganlage für die Ausbildung des Strömungsfeldes von Bedeutung.

Netzverfeinerungen sind in Bereichen hoher Strömungsgradienten erforderlich. Bei der Lasermaterialbearbeitung treten diese hauptsächlich in folgenden Bereichen auf:

Im Laserdüseninneren: Durch die üblicherweise Verwendung von sich verengenden Düsen zur Gasstrahlformung tritt eine starke Beschleunigung der Prozeßgase auf. Im Fall des Laserschneidens finden hier zusätzlich Kompressionsvorgänge statt, für deren Auflösung eine feine Diskretisierung erforderlich ist.

Um den Bearbeitungspunkt: Im Falle des Laserschweißens, des Abtragens und der Oberflächenbehandlung findet durch den Aufprall des Prozeßgases auf die Werkstückoberfläche eine Umlenkung der Strömungsrichtung statt. Weiterhin wird Wärme vom Bearbeitungspunkt an das Gas übertragen und es kommt zu Mischungsvorgängen mit der Umgebungsluft.

Beim Laserschneiden kann es je nach Düsenform und Gasdruck zu Nachexpansionen des Schneidgasstrahls mit einer Erhöhung der Schneidgasgeschwindigkeit über die Schallgeschwindigkeit kommen. Um diese Vorgänge detailliert auflösen zu können, sind Netze mit einer für die praktische Anwendung zur Berechnung der dreidimensionalen Schadstoffausbreitung zu hohen Knotendichte erforderlich. Für die Auflösung der qualitativ wesentlichen und für die globale Schadstoffausbreitung bestimmenden Strömungsmerkmale in diesem Bereich sind Netzverfeinerungen in praktikablem Maße vorzusehen. Diese können durch Eichexperimente bestimmt werden. Darüberhinaus treten im Schnittspalt durch die komplexe Schnittspaltgeometrie Strömungsumlenkungen verbunden mit Wärme- und Stofftransportvorgängen sowie im Nachlauf Mischungsvorgänge auf, die es aufzulösen gilt.

Im Bereich der Absauganlage: Durch die Wirkung der Absauganlage wird die schadstofftragende Strömung abgelenkt und in Richtung der Absauganlage beschleunigt. Hier sind ebenfalls Netzverfeinerungen vorzusehen.

5.2.2.3 Strömungstechnische Zielgrößen und Bewertungskriterien - Systemfähigkeitskennwert

Schadstoffausbreitungsvorgänge werden durch die geometrische Anordnung von Einzelkomponenten, die Form der Werkstücke als auch durch externe Einflüsse, wie z.B. Raumströmungen, Prozeßparameter etc., beeinträchtigt. Bei der Bewertung von Absauganlagen im Praxiseinsatz sind die Wirkungen dieser Einflüsse auf die Schadstofferfassung zu berücksichtigen.

Als Bewertungskriterien für die Immissionsminimierung bei der Lasermaterialbearbeitung können prinzipiell folgende abgeleitet werden:

Erfassungsgrad

Der Erfassungsgrad ist definiert als der direkt erfaßte Schadstoffstrom über den gesamt freigesetzten Schadstoffstrom [ELLE 83, DITT 85]. Er gibt die tatsächliche Absaugung der emittierten Schadstoffe wieder und ist das aussagekräftigste Bewertungskriterium für im Einsatz befindliche Absauganlagen.

Der Erfassungsgrad ist von folgenden Einflüssen abhängig [DITT 85]:
- Abluftstrom
- Zustand und Eigenbewegung der freigesetzten Stoffe
- Anordnung und Art der Erfassungseinrichtungen

- Störluftbewegungen (z.B. bewegte Anlagenteile, Querströmungen im Raum etc.)

Durch eine geeignete Raumluftführung kann die Schadstofferfassung unterstützt werden. Ziel ist, einen möglichst hohen Erfassungsgrad zu erreichen.

Erfassungsgeschwindigkeit

Die Erfassungsgeschwindigkeit gibt die minimale problemspezifische Absauggeschwindigkeit am Bearbeitungspunkt an, die für eine effektive Abfuhr der Emissionen unter Beibehaltung der Qualität des Bearbeitungsergebnisses nötig bzw. möglich ist [HÖLZ 89]. Sie ist abhängig von der Eigenbewegung der freigesetzten Stoffe sowie von der Anordnung der Erfassungselemente und ist nur exemplarisch für spezielle Bearbeitungsprozesse mit spezifischen Randbedingungen erfaßt. Ihre Kenntnis erleichtert insbesondere bei experimentellen Untersuchungen die problemspezifische Auslegung von Absauganlagen.

Konzentration

Die Schadstoffkonzentration in der Luft ist die Folge der Schadstoffemission und gibt direkte Hinweise auf die Effektivität der Erfassungseinrichtungen. Ziel ist zumindest die Einhaltung von vorgegebenen Schadstoffgrenzwerten (MAK, TRK etc. [GEFA 91]), was z.B. bereits durch die Zufuhr von Frischluft erreicht werden kann. Für den Fall der Auslegung von Absaugeinrichtungen ist das Ziel, die Schadstoffkonzentration zu minimieren. Dies ist gleichbedeutend mit der Erhöhung des Erfassungsgrades, weshalb das Bewertungskriterium der Konzentration im folgenden unberücksichtigt bleibt.

Kosten

Die Kosten sind ein wichtiger Faktor für den Einsatz von Absauganlagen. Da die Förderenergiekosten für Absaugströme proportional zur dritten Potenz des Luftstromes sind [DITT 85], können Kosten hauptsächlich durch eine Minimierung der Abluftvolumenströme gesenkt werden. Ziel sind also niedrige erzwungene Volumenströme.

Entsprechend der Definition aus Abschnitt 4.4.1 kann ein Systemfähigkeitskennwert für die simulative Bewertung von Absaugkonzepten für die Lasermaterialbearbeitung, wie in Abbildung 5.2 dargestellt, gebildet werden.

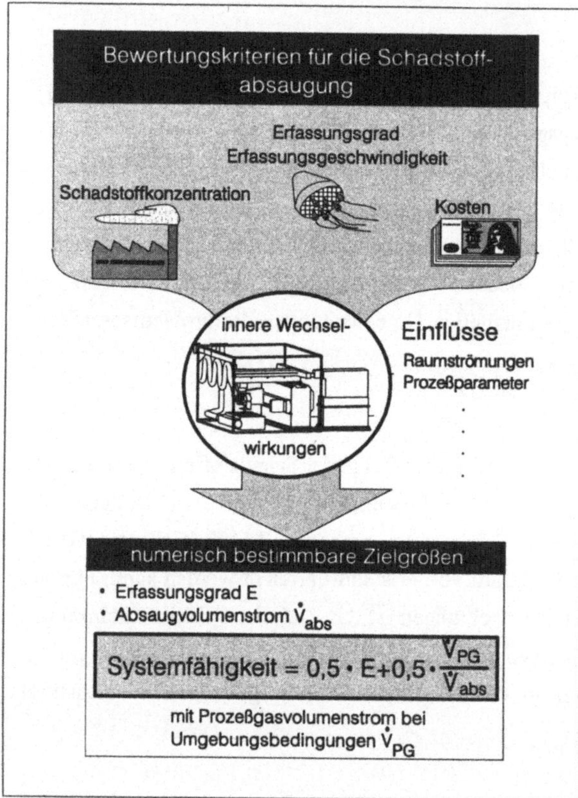

Abb. 5.2:
Systemfähigkeit von Absauganlagen

Als numerisch bestimmbare Zielgrößen sind insbesondere die folgenden zwei wesentlich, die eine quantitative Bewertung nach technischen und wirtschaftlichen Gesichtspunkten ermöglichen:

• Erfassungsgrad; Ziel ist eine Maximierung des Erfassungsgrades. Für die numerische Bestimmung des Erfassungsgrades können sowohl die Erfassung des Schneid- bzw. Schutzgases bzw. die Abführung der vom Gas aufgenommenen Wärme am Bearbeitungspunkt verwendet werden. Dies ist zu rechtfertigen, da aufgrund des geringen aerodynamischen Durchmessers der Schadstoffe dieselben als luftgetragen angenommen werden können [VDI 2262, LESC 88]. Strömungsgrößen geben deshalb Aufschluß über den Schadstofftransport.

- Absaugvolumenstrom; Ziel ist die Minimierung des Absaugvolumenstromes mit dem Ergebnis der Betriebskostenminimierung. Der minimal notwendige Absaugvolumenstrom entspricht hierbei dem Prozeßgasvolumenstrom bei Umgebungsbedingungen, da im Idealfall nur das Prozeßgas schadstoffbelastet ist und abgesaugt werden muß.

Die Erfüllungsgrade der numerisch bestimmbaren Zielgrößen werden gewichtet zum Systemfähigkeitskennwert zusammengesetzt. Da sowohl die Maximierung des Erfassungsgrades als auch die Minimierung der Betriebskosten wesentliche produktionstechnische Ziele darstellen, wird im Rahmen dieser Arbeit eine Gewichtung mit jeweils 50 % vorgenommen.

5.2.2.4 Vereinfachende Annahmen für die Simulation

Für die im folgenden durchgeführten Simulationen werden vereinfachende Annahmen getroffen. Sie sind im wesentlichen auf Begrenzungen der verfügbaren Computerkapazitäten und auf die Vernachlässigung von physikalischen Effekten, die für die Schadstoffausbreitung von untergeordneter Relevanz sind, zurückzuführen:

- Die Bearbeitungsvorgänge verlaufen stationär.
- Oxidationsprozesse, die durch exotherme Vorgänge zu einer Beschleunigung der Bearbeitungsprozesse und zu einer Reduktion der Prozeßgase führen, werden bei der Berechnung vernachlässigt. Dies ist durch ein starkes Sauerstoffüberangebot im Vergleich zum benötigten Oxidationssauerstoff zu rechtfertigen [ROTH 86]. Vielmehr wird von einer konstanten Temperatur im Bearbeitungspunkt mit korrespondierendem Wärmeübergang zum Prozeßgas und zugehöriger Wärmeleitung im Werkstück ausgegangen.
- Es wird davon ausgegangen, daß die Schadstoffe sowie verdampftes Material vollständig vom Schneid- bzw. Schutzgas mitgerissen werden. Dies

ist aufgrund des luftgetragenen Charakters der Schadstoffe zu rechtfertigen.

- Der ausgeblasene Schlackenanteil wird wegen seines nicht luftgetragenen Charakters vernachlässigt. Die Schlacke lagert sich am Boden der Bearbeitungszelle ab und stellt somit keine atembare Gefahr für den Menschen dar.

- Die Bearbeitung wird als qualitativ hochwertig angenommen, so daß z.B. beim Schneiden keine Gratbildung zu berücksichtigen ist.

- Beim Schneiden: die Neigung der Schnittfront über die Schnittiefe wird als konstant angenommen.

- Beim Schweißen: die Oberflächengeometrie des Schmelzbades wird als kreisförmig angenommen.

5.2.3 Untersuchung von Einzelkomponenten und kritischer Prozesse sowie Verifikation durch das Experiment

Ziel dieses Abschnitts ist die simulative Untersuchung der grundlegenden Schadstoffausbreitungsvorgänge beim Laserbrennschneiden und Laserwärmeleitungsschweißen sowie die Berechnung von Saugfeldern von Absauganlagen. Durch eine experimentelle Verifikation der Ergebnisse soll die Sinnfälligkeit des Einsatzes von Simulationsverfahren dargestellt werden. Diese Untersuchungen kritischer Prozesse können gemäß Abschnitt 2.3.5 als Eichexperimente angesehen werden.

5.2.3.1 Experimenteller Aufbau

Für die Verifikation der Simulationsergebnisse wurde eine Versuchszelle konzipiert und realisiert, die folgende Aufgaben erfüllt:

- Visualisierung der Schadstoff- bzw. Schneid- und Schutzgasströme; die Visualisierung dient dem qualitativen Vergleich der Ergebnisse.

- Schadstoffkonzentrationsmessungen im Arbeitsraum und in den Absaugrohren; diese Messungen dienen der qualitativen und quantitativen Verifikation der Simulationsergebnisse.

Die für die Versuchsdurchführung wesentlichen Grundkomponenten der Versuchszelle werden im folgenden kurz beschrieben:

Strahlquelle

Als Strahlquelle wird ein 500 W Nd:YAG-Festkörperlaser in Slab-Bauweise verwendet. Der P 500 Slab-Laser besitzt eine maximale Durchschnittsleistung von 500 W und eine Wellenlänge von 1064 nm. Die Steuerung des Lasers wird über einen PC vorgenommen.

Strahlführungs- und Strahlformungssystem

Die Wellenlänge von 1064 nm des Nd:YAG-Festkörperlasers ermöglicht den Einsatz eines flexiblen Quarzglaslichtwellenleiters, wobei im Rahmen dieser Arbeit eine 1 mm Faser eingesetzt wurde. Die Auskoppelung und Fokussierung auf der Werkstückseite erfolgt im Bearbeitungskopf mit integrierter Abstandssensorik. Die Brennweite beträgt 77 mm mit einem erreichbaren Fokusdurchmesser von 0,8 mm. Für die Gasstrahlformung werden koaxiale, konische Düsen verwendet.

Handhabungssystem

Als Handhabungsgerät kommt ein 6-Achsen-Knickarmroboter zum Einsatz, der dreidimensionale Bearbeitungsvorgänge erlaubt.

Strömungsvisualisierung

Die Sichtbarmachung der Gas- und Schadstoffströmungen erfolgt über eine Laminar-Flow-Box. Durch die Decke wird gefilterte Luft durch einen Laminarisator turbulenzarm in die Visualisierungsbox geblasen und durchströmt die Box ohne Verwirbelungen mit gleichmäßiger, einregelbarer Geschwindigkeit. Zur Strömungssichtbarmachung ist unterhalb des Laminarisators ein Heizdraht gespannt, der über Schrittmotoren gesteuert Glyzerindampf großflächig in die Strömung einbringt. Hierdurch entsteht ein zweidimensionaler Nebelfilm, der durch einen Halogenlichtschnitt beleuchtet und somit sichtbar gemacht wird.

Schadstoffmeßeinrichtung

Für die kummulative Bestimmung des Erfassungsgrades wird eine definierte Grundreinheit des Arbeitsraumes benötigt. Dies wird durch die Verwendung der Laminar-Flow-Box, die dem Arbeitsraum gereinigte Luft der Klasse 10 nach US FS 209 D

[FEDE 88] zuführt, gewährleistet. Für die Schadstoffmessungen steht ein Partikel-meßgerät nach dem Laserstreulichtverfahren, mit dem Partikel mit einem Durchmesser > 0.18 µm detektiert werden können, zur Verfügung. Aufgrund der während der Lasermaterialbearbeitung entstehenden hohen Partikelanzahl wird die angesaugte schadstoffbelastete Luft mit durch einen Filter gereinigter Luft im Verhältnis 1:10 verdünnt. Die Meßdaten werden über einen PC aufgenommen und weiterverarbeitet.

Der realisierte Versuchsaufbau ist in Abbildung 5.3 dargestellt.

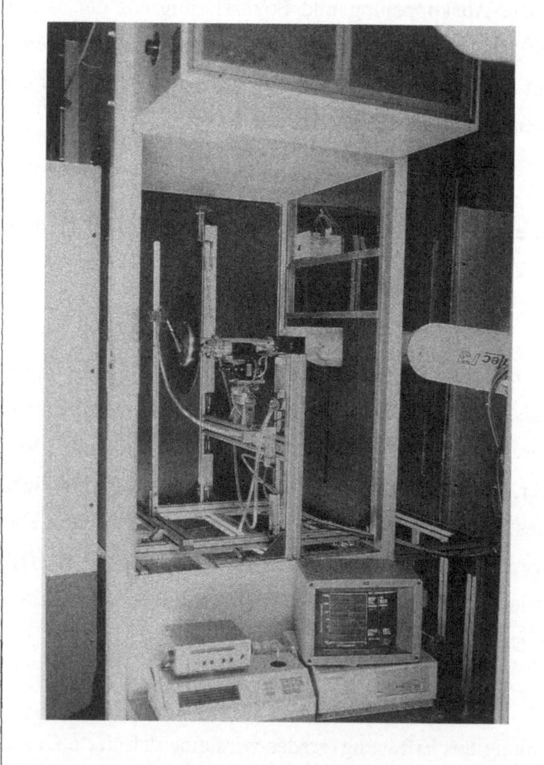

Abb. 5.3:

Versuchsaufbau

Werkstück und Werkstückführung

Für die Versuche werden ebene, runde Bleche verwendet, durch die konstante und stationäre Versuchsbedingungen während des gesamten Bearbeitungsprozesses gewährleistet werden. Es wird das Konzept einer festen Laseroptik mit bewegtem Werkstück verfolgt. Hierbei handhabt der Industrieroboter das Werkstück, wobei eine drehbare Zusatzachse die Erzeugung spiralförmiger Schnitte und Auftragsschweißungen ermöglicht. Somit können stationäre Langzeitversuche durchgeführt werden. Die Werkstückführung sowie eine exemplarische Auftragsschweißung sind in Abbildung 5.4 dargestellt.

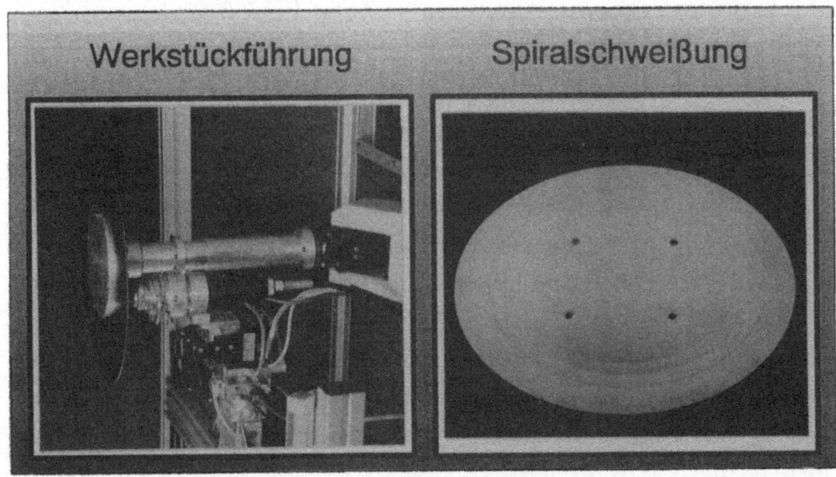

Abb. 5.4: Werkstückführung und Spiralschweißung

5.2.3.2 Laserbrennschneiden mit durchströmter Fertigungszelle

Das Laserbrennschneiden stellt derzeit das wichtigste Bearbeitungsverfahren für ebene und räumliche Werkstücke dar. Als häufigster Werkstoff wird Stahl bearbeitet.

Geometrie- und Prozeßdaten

Im Sinne einer Verifikation durch das Experiment wird der in Abbildung 5.3 dargestellte Versuchsaufbau realitätsgetreu in der Simulation nachgebildet. Als äußere Begrenzung der Fertigungszelle dient die Laminar-Flow-Box mit einer Deckeneinlaßgeschwindigkeit von 0.45 m/s und einer gemessenen Einlaßtemperatur von 294 K. Der Raum besitzt eine Breite und Tiefe von je 1 m und eine Höhe von 1.5 m. Die eingeströmte Luft sowie die Schadstoffe und Prozeßgase verlassen die Fertigungszelle ganzflächig durch den Boden, da für die Versuche die rechte Wand abgedichtet wurde.

Es wird eine konische Schneiddüse mit einem engsten Durchmesser von 1.8 mm verwendet. Das Schneidgas ist Sauerstoff und strömt mit einem empirisch ermittelten Massendurchsatz von 2.5 g/s und einem Leitungsüberdruck von 5 bar in die Düse ein. Hiermit wird im engsten Querschnitt der Düse Schallgeschwindigkeit erreicht.

Das Werkstück ist ein ebenes, kreisförmiges St-37-Blech mit einer Dicke von 0.8 mm, und der Abstand zwischen Düse und Werkstück beträgt 1.5 mm bei einem Anstellwinkel von 90°. Entsprechend empirischer Untersuchungen weist der Schnittspalt bei der Verwendung der 1mm-Faser eine Breite von 0.8 mm, einen Flankenwinkel von 0° und einen Rillennachlaufwinkel von 8°, der ein Maß für die Vorschubgeschwindigkeit (im Versuch 1.5 m/min) ist, auf. Die Rauhigkeit wird auf einen mittleren Wert von 0.2 mm festgelegt, die Temperatur an der halbkreisförmigen Schnittfront als 3000 K angenommen [VINK 90] und die Konturlinien parallel zur Schneidfront als Halbkreise approximiert.

Das Geometriemodell mit Netzinformationen sowie die Prozeßdaten sind in Abbildung 5.5 dargestellt.

Modellgenerierung

Für die Modellgenerierung wird das entwickelte Baukastensystem herangezogen, in dem das Werkstück, der Laserkopf mit Düse sowie die Halterungen und die Laserzelle voll parametrisiert hinterlegt sind. Das Simulationsnetz wird hierbei aus zwei Netzen, einem Teilnetz für das Werkstück und einem Teilnetz für den Laserkopf sowie

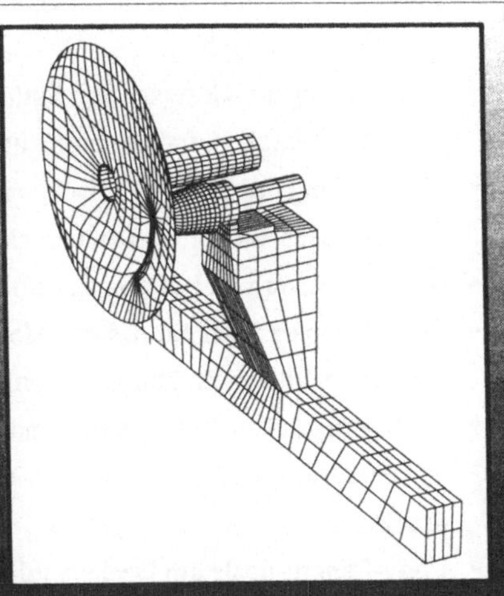

Abb. 5.5: Geometriemodell und Prozeßdaten beim Laserbrennschneiden

die Halterungen gebildet. Dies erlaubt den einfachen Austausch von Werkstücken bzw. Düsen für weitere Untersuchungen sowie den einfachen Aufbau optimierter Einzelnetze. Die Einzelnetze sind modular aus im Baukastensystem abgelegten Einzelsystemkomponenten aufgebaut. Netzverfeinerungen sind im Düseninneren, im Schnittspalt sowie um den Bereich des Bearbeitungspunktes dreidimensional vorgesehen.

Simulationsparameter und Randbedingungen

Für die Berechnung werden folgende im Baukastensystem hinterlegte Simulationsparameter und Randbedingungen verwendet (vgl. Abschnitt 5.2.2.1):

- Turbulente Rechnung, da die Strömungsverhältnisse aufgrund der hohen Geschwindigkeiten als turbulent zu betrachten sind
- Kompressible Rechnung, da der Schneidgasstrahl Überschallgeschwindigkeit erreicht

- Lösung der thermischen Energiegleichung, da es sich um eine thermische Bearbeitung handelt
- Verwendung des Gesetzes von Sutherland zur Berechnung der thermischen Leitfähigkeit und der molekularen Viskosität der Gase
- Verwendung des skalaren Mischungsmodells, um die Mischung des Schneidgases mit der Luft zu berücksichtigen
- Stoffparameter von Luft, Sauerstoff und St 37
- Turbulenzparameter für das k-ε-Modell aus [TASC 92] (es handelt sich hierbei um allgemein übliche Parameter für das Turbulenzmodell)
- Turbulenzgrad am Düseneinlaß und am Deckeneinlaß: 5 %
- Totaler Druck am Bodenauslaß: 1.0135 bar (entspricht dem Umgebungsdruck)
- Eddy-Length-Scale am Deckeneinlaß: 0.001 m (entspricht der Porenweite des Einlaßfilters)
- Eddy-Length-Scale am Düseneinlaß: 0.02 m (entspricht dem Düseneinlaßdurchmesser vor der Gasstrahlformung)
- Totale Temperatur am Düseneinlaß: 294 K (entspricht der Umgebungstemperatur)
- Gravitationsbeschleunigung: 9.81 m/s^2
- Zeitschritt: Nach ausgiebigen Untersuchungen wurde ein gutes Konvergenzverhalten bei der Verwendung eines lokalen Zeitschrittes von 2 ermittelt und im Baukastensystem hinterlegt. Ein lokaler Zeitschritt wird hierbei pro Volumenelement berechnet und orientiert sich an einer stabilen Lösung für eine explizite Lösungstechnik.
- Aufwindmethode: Mass Weighted Skewed Upstream Differencing Scheme [TASC 92]

Diskussion der Ergebnisse

Qualitativer Vergleich der Geschwindigkeiten: Abbildung 5.6 zeigt in der linken Hälfte den simulativ ermittelten Geschwindigkeitsverlauf in der Düsensymmetrieebene, wobei die Vektorpfeile die Strömungsrichtung angeben, sowie die Schadstoffverteilung, dargestellt durch den Prozeßgasanteil im Raum. Die Farbe rot entspricht

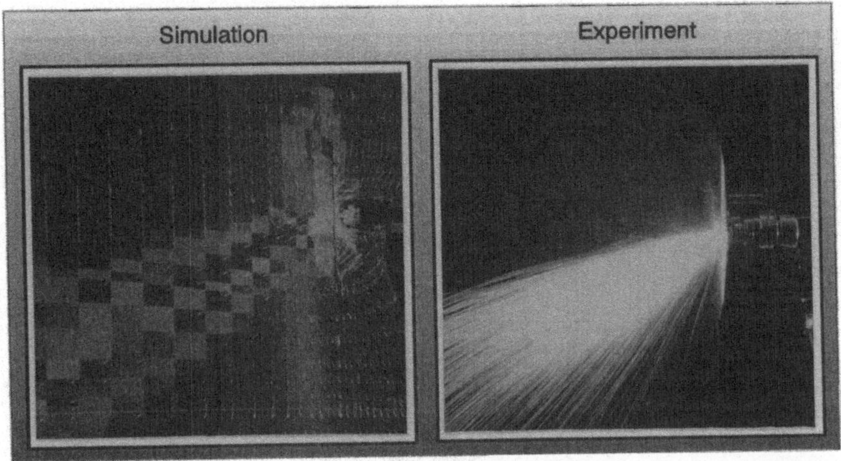

Abb. 5.6: Qualitativer Vergleich der Geschwindigkeiten

einem Prozeßgasanteil von 100 %, blau entspricht 0 %. Der Hauptanteil der Schadstoffe wird in einem freien Schadstoffstrahl in den Raum geblasen. Durch den Aufprall des Schneidgasstrahls auf das Werkstück wird aufgrund des im Vergleich zur Schnittspaltbreite größeren engsten Düsendurchmessers ein Teil des Schneidgases vor dem Werkstück abgelenkt, wobei eine Schadstoffanreicherung wegen des Kontaktes mit dem Bearbeitungspunkt erfolgt. Durch die Durchströmung des Raumes wird die schadstoffbelastete Strömung nach unten abgelenkt und durch den Boden aus dem Raum transportiert. Im rechten Bildteil ist die Visualisierung der Schadstoffströmung während der realen Lasermaterialbearbeitung aufgetragen. Der Vergleich mit den simulativen Ergebnissen zeigt eine gute qualitative Übereinstimmung. Deutlich erkennbar ist die Ablenkung des Schneidgases auf der Laserseite. Auf der gegenüberliegenden Seite wird der schadstoffbeladene Schneidgasstrahl durch den während der Bearbeitung entstehenden Rillennachlaufwinkel etwa in einem 10°- Winkel nach unten abgelenkt, was ebenfalls mit den simulativen Ergebnissen übereinstimmt.

Quantitativer Vergleich der Geschwindigkeiten: Der Schnittspalt wirkt für den Schneidgasstrahl als eine Art Düse, so daß der Gasstrahl ähnlich einem Freistrahl aus demselben austritt. Für einen quantitativen Vergleich der Ergebnisse im Nachlaufgebiet des Schnittspaltes kann deshalb die Freistrahltheorie Aufschluß über die Richtigkeit der Simulationsergebnisse geben. Abbildung 5.7 zeigt einen quantitativen Vergleich der Simulationsergebnisse entlang der Strahlachse im Hauptschadstoffkegel mit analytisch berechneten Geschwindigkeiten aus zwei Freistrahltheorien [TRUC 92, BEIT 90].

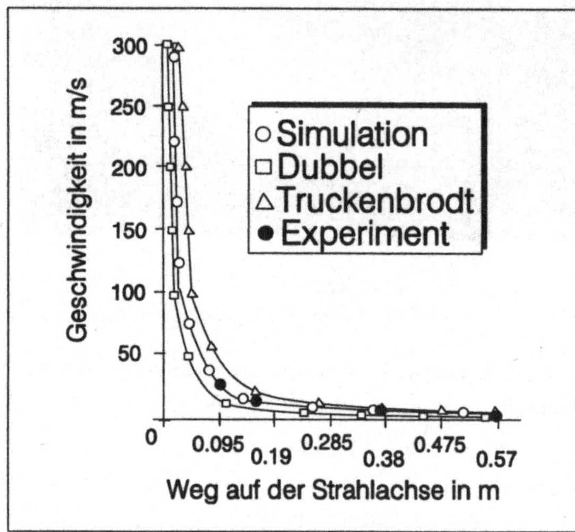

Abb. 5.7:

Quantitativer Vergleich der Ergebnisse entlang der Strahlachse

Hierzu wurde der Verlauf der Strahlachse ab Schnittspaltende durch die Ermittlung der Maximalgeschwindigkeit in Ebenen senkrecht zum Strahl bestimmt und somit der Weg, den ein Fluidteilchen auf der Strahlachse zurücklegt, rekursiv ermittelt. Die simulativen Ergebnisse liegen zwischen den beiden analytisch ermittelten Kurven. Weiterhin wurden experimentelle Geschwindigkeitsmessungen in der Strahlachse des Schadstoffkegels durchgeführt, deren Ergebnisse ebenfalls in Abbildung 5.7 dargestellt sind. Hierfür kam ein thermisches Anemometer mit einem Meßbereich von 0 - 20 m/s und einer Meßgenauigkeit von 3 % zum Einsatz. Der Vergleich mit den simulativen Ergebnissen zeigt eine gute Übereinstimmung innerhalb des Meßbereiches des Gerätes.

5.2.3.3 Laserwärmeleitungsschweißen mit durchströmter Fertigungszelle

Das Laserschweißen stellt in der industriellen Anwendung das zweithäufigste Lasermaterialbearbeitungsverfahren dar. Als häufigster Werkstoff wird Stahl bearbeitet. Im folgenden wird am Beispiel des Laserauftragsschweißens die Schadstoffausbreitung untersucht.

Geometrie- und Prozeßdaten

Als Versuchsumgebung wird wieder die in Abbildung 5.3 dargestellte durchströmte Fertigungszelle mit den gleichen Versuchsrandbedingungen verwendet. Die konische Schweißdüse besitzt einen engsten Durchmesser von 4.8 mm und wird mit dem Schutzgas Argon mit einem empirisch ermittelten Massendurchsatz von 0.995 g/s und einem Leitungsüberdruck von 1.5 bar durchströmt.

Das Werkstück ist ein ebenes, kreisförmiges St-37-Blech mit einer Dicke von 1 mm, und der Abstand zwischen Düse und Werkstück beträgt 3 mm bei einem Anstellwinkel von 90°. Die Temperatur am als kreisförmig angenommen Schweißpunkt mit einem empirisch ermittelten Durchmesser von 1.2 mm wird als die Schmelztemperatur von Eisen zu 1800 K angenommen. Das Geometriemodell mit Netzinformationen sowie die Prozeßdaten sind in Abbildung 5.8 dargestellt.

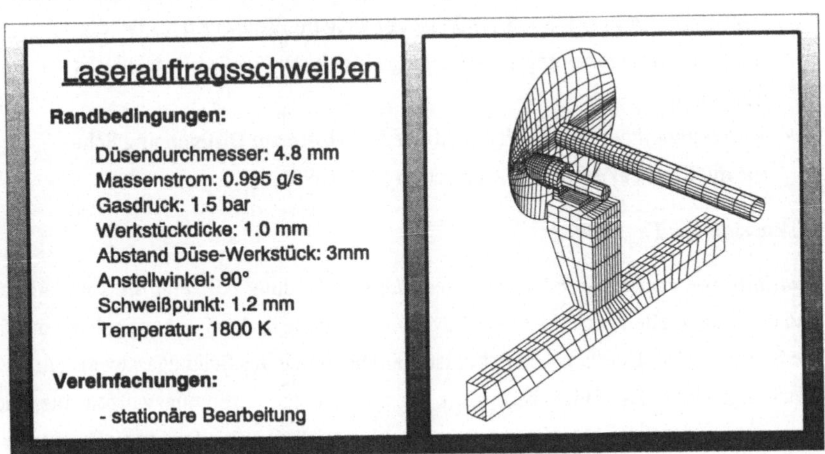

Abb. 5.8: Geometriemodell und Prozeßdaten beim Laserauftragsschweißen

Modellgenerierung

Das Simulationsmodell ist modular aus im Baukastensystem abgelegten Systemkomponenten und Einzelnetzen aufgebaut, so daß das Gesamtnetz aus einem Teilnetz für das Werkstück und einem Teilnetz für den Laser besteht. Durch die parametrisierte Darstellung der Modelle kann in der Erzeugungsvorschrift des Laserkopfes beispielsweise auf die gleiche Geometrie wie beim Laserschneiden, nur mit Änderung des Düsendurchmessers, zurückgegriffen werden. Netzverfeinerungen sind im Düseninneren sowie um den Bereich des Bearbeitungspunktes vor dem Werkstück dreidimensional vorgesehen.

Simulationsparameter und Randbedingungen

Für die Berechnung werden folgende im Baukastensystem hinterlegte und sich von Abschnitt 5.2.3.2 unterscheidende Simulationsparameter und Randbedingungen verwendet:

- Inkompressible Rechnung, da bei der Schweißbearbeitung relativ niedrige Strömungsgeschwindigkeiten vorliegen
- Stoffparameter von Argon
- Zeitschritt: lokaler Zeitschritt von 1 (aufgrund der starken Strömungsumlenkungen am Bearbeitungspunkt ist ein kleinerer Zeitschritt als bei der Laserschneidbearbeitung zur Erzielung eines konvergenten Ergebnisses notwendig)
- Aufwindmethode: Mass Weighted Skewed Upstream Differencing Scheme mit Physical Advection Correction [TASC 92]

Diskussion der Ergebnisse

Qualitativer Vergleich der Strömungsverläufe: Abbildung 5.9 zeigt die simulativen und experimentellen Ergebnisse der Strömungsverläufe in der Symmetrieebene durch die Schweißdüse. Deutlich erkennbar ist die Ablenkung des Schutzgasstroms am Bearbeitungspunkt. Es bilden sich nach oben und unten Strömungswalzen aus, die Schadstoffe mit sich tragen. Der qualitative Vergleich der Simulationsergebnisse mit dem Experiment zeigt eine zufriedenstellende Übereinstimmung.

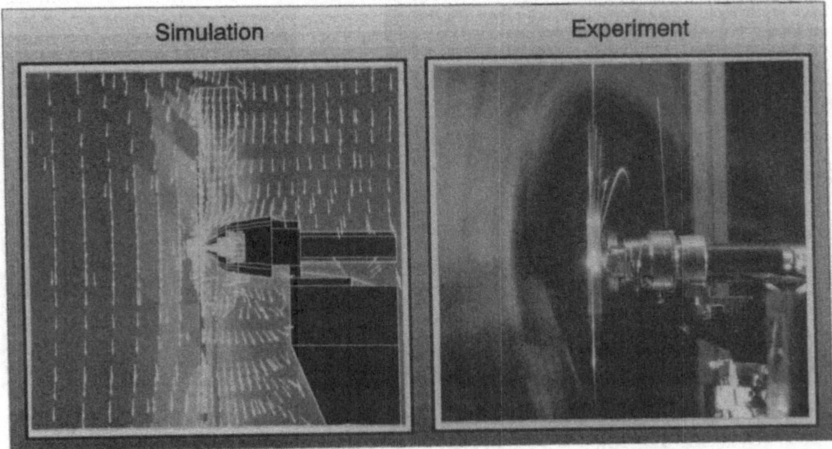

Abb. 5.9: Qualitativer Vergleich der Geschwindigkeiten

5.2.3.4 Schadstofferfassungseinrichtungen

Einen weiteren kritischen Prozeß stellt die Ermittlung der Saugfelder von Erfassungselementen dar. Im folgenden soll anhand einiger Beispiele die Möglichkeit des Einsatzes der numerischen Strömungssimulation zu deren Berechnung aufgezeigt werden.

Geometrie- und Prozeßdaten

Als Beispiele werden drei Absaugdüsen herangezogen, über deren Saugfelder experimentelle Ergebnisse verfügbar sind [DALL 48, HÖLZ 89]. Es handelt sich um eine kreisförmige Düse, eine kreisförmige Düse mit Flansch sowie um eine Langschlitzdüse. Die Erfassungselemente werden in einen nach allen Seiten offenen Raum eingebracht und mit einer über den Absaugquerschnitt homogenen Absauggeschwindigkeit von 5 m/s beaufschlagt.

Modellgenerierung

Bei den im Baukastensystem hinterlegten Netzen sind Netzverfeinerungen im zu erwartenden Ansaugfeld vor und um die Absaugdüsen vorgesehen. Die Geometriemodelle mit Oberflächennetzinformationen sind in Abbildung 5.10 dargestellt.

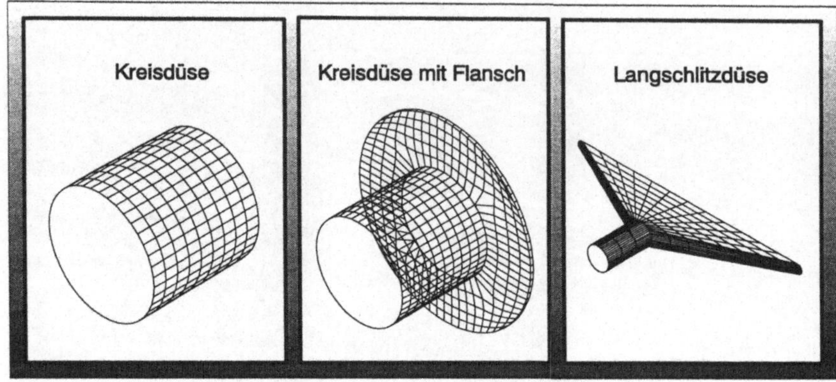

Abb. 5.10: Geometriemodelle der untersuchten Erfassungselemente

Randbedingungen und Parameter

Für die Berechnung stehen folgende von Abschnitt 5.2.3.2 abweichende Parameter und Gesetzmäßigkeiten im Baukastensystem zur Verfügung:

- Stoffparameter von Luft
- Eddy-Length-Scale am Einlaß der Absaugdüse: 0.3 m bzw. 0.023 m (entspricht je nach Erfassungselementart dem randbedingungsbehafteten Düsendurchmesser)
- Zeitschritt: lokaler Zeitschritt von 5

Diskussion der Ergebnisse

Qualitativer Vergleich der Saugfelder: Abbildung 5.11 gibt den qualitativen Vergleich der simulativen mit den experimentellen Ergebnissen für die 3 Erfassungselemente in einem Schnitt durch die Symmetrieebene wieder.

Dargestellt sind die Isolinien der Geschwindigkeiten als Konturlinien sowie die Stromlinien. Die Ergebnisse der Runddüse mit Flansch zeichnen sich im Vergleich zu den Ergebnissen der Runddüse durch ein geradlinigeres Isotachenfeld aus. Dieses Ergebnis einer experimentellen Optimierung kann vollständig durch die numerische

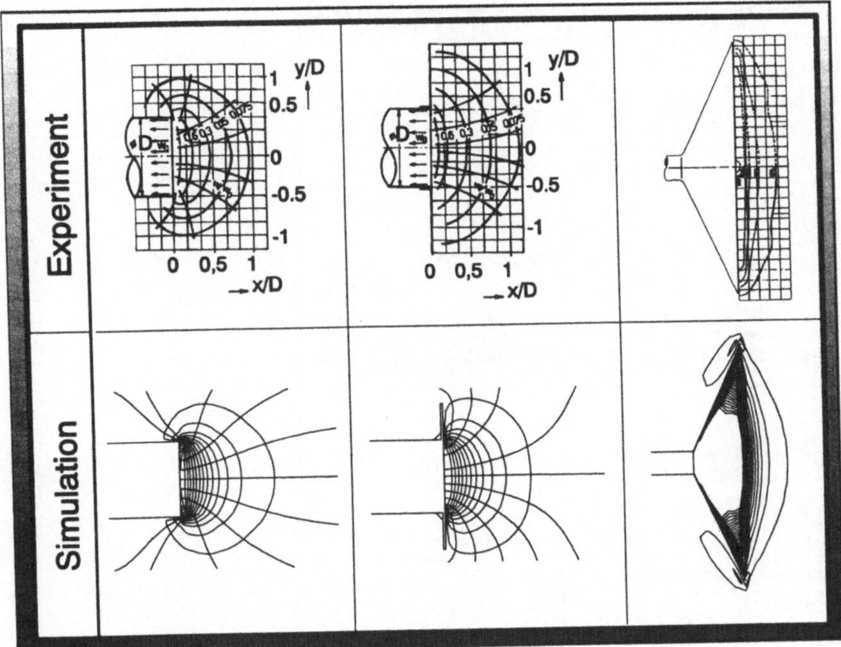

Abb. 5.11: Qualitativer Vergleich der Ergebnisse

Strömungssimulation bestätigt werden. In allen 3 Fällen ist eine zufriedenstellende Übereinstimmung festzustellen.

Quantitativer Vergleich der Geschwindigkeiten: Abbildung 5.12 gibt den quantitativen Vergleich der Geschwindigkeitswerte entlang der Symmetrieachse der Erfassungselemente wieder. Für alle 3 Anlagen ist wieder eine zufriedenstellende Übereinstimmung der simulativen mit den experimentell ermittelten Ergebnissen festzustellen.

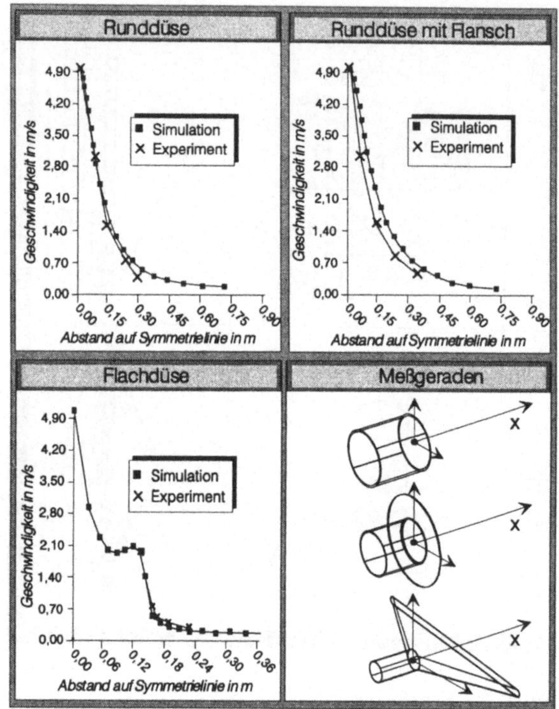

Abb. 5.12:

Quantitativer Vergleich

der Ergebnisse

5.2.4 Simulative Gestaltung und Optimierung eines Absaugkonzeptes für die Lasermaterialbearbeitung

Ziel dieses Abschnitts ist die exemplarische Auslegung und Optimierung eines für die Lasermaterialbearbeitung geeigneten Absaugkonzeptes mit Hilfe des entwickelten Baukastensystems.

5.2.4.1 Problemstellung

Als Beispiel für die Auslegung und Anpassung von Absauganlagen für die Lasermaterialbearbeitung dient das in Abschnitt 5.2.3.3 untersuchte Wärmeleitungsschweißen mit den gleichen Randbedingungen bezüglich der Fertigungszelle. Mit Hilfe des Baukastensystems können hierbei verschiedene Absaugkonzepte ausgetestet und optimiert werden. Am effektivsten für die Laserschweißbearbeitung ist die Verwendung von lokalen Absaugelementen direkt am Entstehungsort der Schadstoffe. Im folgenden wird deshalb exemplarisch die Anwendung des Baukastensystems bei der Gestaltung eines Absaugkonzeptes der halboffenen Bauart aufgezeigt. Insbesondere wird die Absaugung bezüglich ihrer Effizienz und Wirtschaftlichkeit optimiert. Es handelt sich hierbei um eine düsenintegrierte Absaugung, die eine Erfassung der Schadstoffe direkt am Entstehungsort ermöglichen soll (Abbildung 5.13).

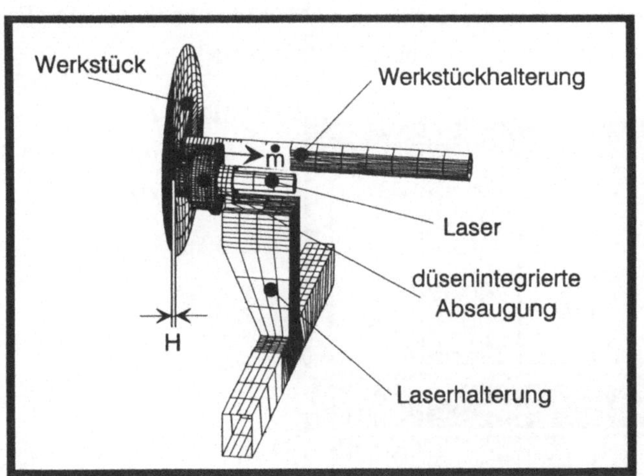

Abb. 5.13:
Geometriemo-
dell und Optimie-
rungsparameter

5.2.4.2 Modellerstellung, Bewertung und Optimierung mit Hilfe des Baukastensystems

Im Baukastensystem sind die für die Auslegung der Absaugung notwendigen Daten hinterlegt. Das Gesamtsimulationsmodell wird modular aus den Einzelkomponenten Laserkopf, Halterungen, Werkstück und düsenintegrierte Absaugung zusammengesetzt wobei das Erfassungselement modular in das Teilnetz des Laserkopfes integriert ist. Ebenso werden die für die Schweißbearbeitung notwendigen Prozeßdaten, Simulationsparameter und Randbedingungen sowie eine Anfangsschätzung mit Hilfe des Baukastensystems zur Verfügung gestellt. Als Größe für die Bewertung und Optimierung wird der in Abschnitt 6.2.2.3 definierte Systemfähigkeitskennwert verwendet. Ziel der Optimierung ist somit die Erreichung eines möglichst hohen Erfassungsgrades bei minimalen Betriebskosten der Absaugung. Für die numerische Optimierung kommen in dem voll parametrisierten Modell der Absaugvolumenstrom des Erfassungselementes und die Entfernung der Absaugung zum Werkstück als Parameter zum Einsatz. Das Geometriemodell mit Netzinformationen sowie die für die numerische Optimierung verwendeten Parameter sind in Abbildung 5.13 dargestellt. Als Ausgangsgrößen für die zu variierenden Parameter werden 0.013 m für den Abstand zum Werkstück und 0.005 kg/s für den Absaugmassenstrom verwendet.

Als Optimierungsverfahren kommt die Hooke-Jeeves-Methode zum Einsatz. Die Ergebnisse des Optimierungslaufes sind in Abbildung 5.14 dargestellt.

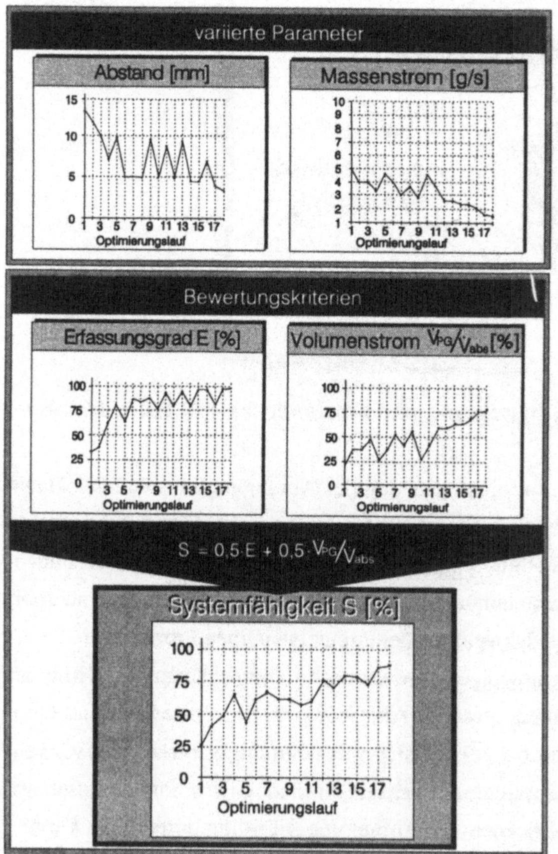

Abb. 5.14:
Ergebnisse des Optimierungslaufes

Es ist eine deutliche Verbesserung des Erfassungsgrades von anfänglich ca. 30 % auf 98 % als auch eine Verringerung des Absaugvolumenstromes von anfänglich ca. 400 % auf 130 % des Prozeßgasvolumenstromes festzustellen. Insgesamt kann somit eine Verbesserung der Systemfähigkeit von 28 % auf 85 % erhalten werden.

5.2.4.3 Nachweis der Immissionsminimierung durch das Experiment

Zur experimentellen Verifikation der Ergebnisse wurden das Absaugkonzept realisiert und die Parameter auf die simulativ optimierten Werte eingestellt. Abbildung 5.15 zeigt den qualitativen Vergleich der simulativ ermittelten Strömungsverläufe in der Symmetrieebene des Laserkopfes mit den Ergebnissen der Strömungsvisualisierung. Die Farbe im Simulationsbild steht für den Anteil des Argons in der Luft. Grün bedeutet einen Argonanteil von 100 %, blau steht für 0 %. Es kann festgestellt werden, daß beinahe das gesamte Argon, und mit diesem die Schadstoffe, durch die düsenintegrierte Absaugung aus dem Arbeitsraum transportiert werden. Die Strömungsverhältnisse außerhalb der Absaugung entsprechen quasi den Umgebungsbedingungen, was durch die Ergebnisse der experimentellen Strömungsvisualisierung gut bestätigt wird.

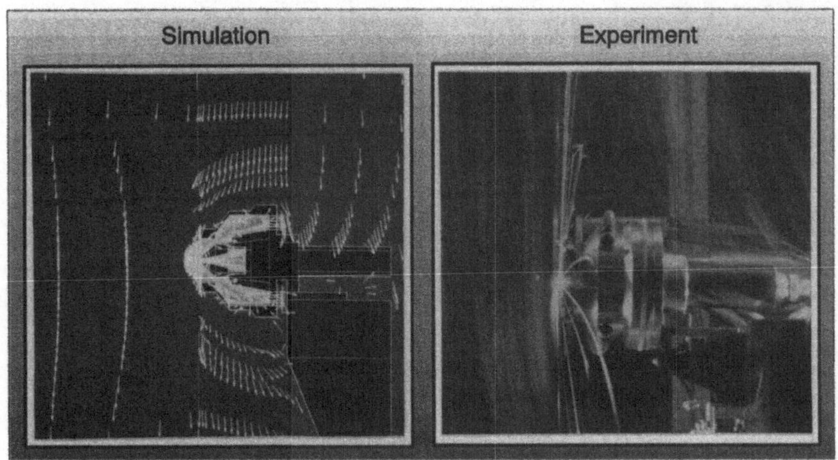

Abb. 5.15: Qualitativer Vergleich der Geschwindigkeiten

Als quantitatives Vergleichskriterium wird der Erfassungsgrad herangezogen, der eine direkte Aussage über den erfaßten Schadstoffstrom liefert. Für die Bestimmung des Erfassungsgrades wird in Anlehnung an [ELLE 83] aus der Absaugleitung der Erfassungseinrichtung ein definierter Volumenstrom abgesaugt. Durch die für das Partikelmeßgerät notwendige Verdünnung von 1:10 ergibt sich hierbei ein Volumenstrom von 0.1 cbft/min. Der gesamt freigesetzte Schadstoffstrom wird zunächst über eine 100% - Kalibrierung bestimmt, bei der die Absaugung so nahe an die Bearbeitungsstelle gebracht wird, bis keine Verschmutzung mehr im Arbeitsraum auftritt. Anschließend werden wieder die in der Simulation ermittelten Geometriewerte eingestellt und der dann gemessene Wert in der Absaugleitung auf den 100 % - Wert bezogen. Das Ergebnis des experimentell ermittelten Erfassungsgrades gegenüber dem simulativ bestimmten ist in Abbildung 5.16 dargestellt. Es ist eine gute Übereinstimmung festzustellen.

	Simulation	Experiment
düsenintegrierte Absaugung	98%	97%

Abb. 5.16:

Erfassungsgrad Simulation -

Experiment

5.2.5 Schlußfolgerungen

Die in diesem Abschnitt durchgeführten Untersuchungen zeigen, daß das entwickelte Baukastensystem ein effizientes Hilfsmittel für die Auslegung und Optimierung von Absaugkonzepten für die Lasermaterialbearbeitung darstellt. Es wurden exemplarisch kritische Prozesse als auch ein kombiniertes Absaugkonzept simulativ untersucht und experimentell verifiziert. Im speziellen können mit dem Planungshilfsmittel Feinabstimmungen von mehreren Geometrie- und Randbedingungsparametern bei komplexen, zusammengesetzten Geometrien vorgenommen werden. Durch das Baukastensystem wird hierbei ein modularer Austausch von Systemkomponenten gewährleistet, so daß unterschiedliche Absaugkonzepte für verschiedene Bearbeitungs-verfahren schnell und effizient untersucht und optimiert werden können.

5.3 Strömungstechnische Optimierung komplexer Reinraumfertigungen

In diesem Abschnitt soll das Baukastensystem zur strömungstechnischen Optimierung komplexer Reinraumfertigungen für die Herstellung von Mikrochips angewendet werden. Ziel ist, durch Anwendung auf unterschiedliche produktionstechnische Problemstellungen die Übertragbarkeit und Allgemeingültigkeit der Planungsstrategie aufzuzeigen.

5.3.1 Situationsanalyse

Wie bereits in Abschnitt 1.2.3 dargestellt, stellt die Halbleiterfertigung die strengsten Anforderungen an die Reinheit innerhalb der Produktionsumgebung. Insbesondere gewinnt hierbei die strömungstechnische Optimierung der Halbleiterfertigung an Bedeutung. Ziel ist, durch eine strömungstechnisch günstige Gestaltung und Anordnung von Systemkomponenten und Produkten zu vermeiden, daß luftgetragene Partikel vom Entstehungsort zum Produkt gelangen und sich an diesem niederschlagen [ENGE 92].

Bei der Planung von Reinraumfertigungen ist es aufgrund der komplexen Interaktionen zwischen Luftströmung und Betriebsmitteln bzw. Menschen jedoch bislang sehr schwierig, verschiedene Maßnahmen bezüglich ihrer strömungstechnischen Wirkung zu untersuchen und zu bewerten. Einfache Modelle, die Überschlagsrechnungen bezüglich der optimalen Anordnung und Gestaltung von Produkten und Betriebsmitteln erlauben, stehen nicht zur Verfügung, und eine experimentelle Untersuchung und Optimierung anhand von Modellaufbauten während der Planungsphase ist aufwendig. Abhilfe von dieser unbefriedigenden Planungssituation kann wieder der Einsatz des in Abschnitt 4 entwickelten Baukastensystems schaffen.

5.3.2 Strömungstechnische Zielgrößen und Bewertungskriterien - Systemfähigkeitskennwert

Eine in der Produktionsumgebung auftretende Partikelemission führt noch nicht zwangsläufig zur Produktkontamination. Vielmehr ist zur Abschätzung des Kontaminationsrisikos eine genaue Kenntnis der Transportmechanismen von Partikeln aus der Luft zu Oberflächen notwendig.

Hierbei ist nach [FISC 91] zwischen konvektivem Transport und Depositionsmechanismen zu unterscheiden. Unter konvektivem Transport ist der Transport von luftgetragenen Partikeln mit der Luftströmung zu verstehen, was zu einer Anreicherung der Partikelkonzentration in Produktnähe führen kann. Die Depositionsmechanismen sind für die Ablagerung der Partikel auf der Produktoberfläche verantwortlich. Für die strömungstechnische Optimierung von Reinraumfertigungsgeräten ergeben sich im wesentlichen folgende Zielsetzungen, die auf komplexe Reinraumfertigungen übertragen werden können:

- Beaufschlagung des Produktes mit Erstluft, die die sauberste Luft darstellt.

- Vermeidung von Querströmungen im Produktbereich, die Partikel konvektiv zum Produkt transportieren können.

- Vermeidung von Aufwärtsströmungen, die zu einem Transport von Partikeln unterhalb des Produktes zur Produktoberfläche beitragen.

- Minimierung des Turbulenzgrades in der Produktumgebung, da Turbulenz die Depositionsgefahr verstärkt.

- Gewährleistung eines einheitlichen Luftwechsels in der Produktumgebung.

Entsprechend der Definition aus Abschnitt 4.4.1 kann ein Systemfähigkeitskennwert für die simulative strömungstechnische Bewertung von produktionstechnischen Teilsystemen im Reinraum, wie in Abbildung 5.17 dargestellt, gebildet werden.

Als numerisch bestimmbare Zielgrößen können folgende abgeleitet werden:

- Quergeschwindigkeit; Ziel ist die Minimierung des Querströmungsanteils in Produktumgebung. Als Bezugs- und Normierungsgröße wird hierbei

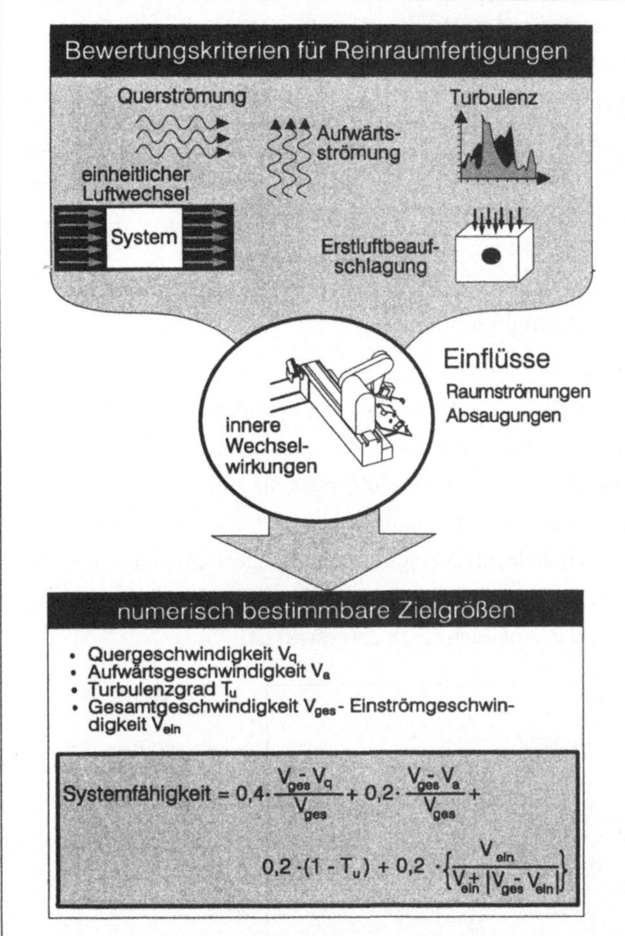

$$\text{Systemfähigkeit} = 0{,}4 \cdot \frac{V_{ges} - V_q}{V_{ges}} + 0{,}2 \cdot \frac{V_{ges} - V_a}{V_{ges}} +$$

$$0{,}2 \cdot (1 - T_u) + 0{,}2 \cdot \left\{ \frac{V_{ein}}{V_{ein} + |V_{ges} - V_{ein}|} \right\}$$

Abb. 5.17: Systemfähigkeit komplexer Reinraumfertigungen

der jeweilige lokale Gesamtgeschwindigkeitsbetrag verwendet, der gleichzeitig den maximal möglichen Quergeschwindigkeitsbetrag darstellt.

• Aufwärtsgeschwindigkeit; Ziel ist die Minimierung des Aufwärtsströmungsanteils in Produktumgebung. Als Bezugs- und Normierungsgröße dient wieder der lokale Gesamtgeschwindigkeitsbetrag.

• Turbulenzgrad; Ziel ist die Minimierung des Turbulenzgrades.

- Differenz zwischen resultierender Geschwindigkeit und Einströmge-
  schwindigkeit; Ziel ist deren Minimierung zur Gewährleistung eines einheitlichen Luftwechsels.

Die Erfüllungsgrade der numerisch bestimmbaren Zielgrößen werden gewichtet zum
Systemfähigkeitskennwert zusammengesetzt. Hierbei wird der Querströmungsanteil
mit 40 %, die anderen Zielgrößen mit jeweils 20 % gewichtet.

5.3.3 Einsatz des Baukastensystems zur Optimierung einer roboterbetriebenen Ablagevorrichtung

5.3.3.1 Problemstellung

Am Beispiel einer robotergestützten, vollautomatischen Produktionsanlage in einem
mit 0.45 m/s vertikal turbulenzarm durchströmten Reinraum der Klasse 1 bis 10 nach
US Federal Standard 209 D [FEDE 88] wird im folgenden die Unterstützung der Planung durch die Simulation dargestellt. Exemplarisch wird hierbei eine strömungstechnische Optimierung einer industriell eingesetzten Ablageeinrichtung zur Umorientierung von Produkten für die beidseitige Montage von Belichtungsmasken vorgenommen, dessen Istzustand in Abbildung 5.18 dargestellt ist.

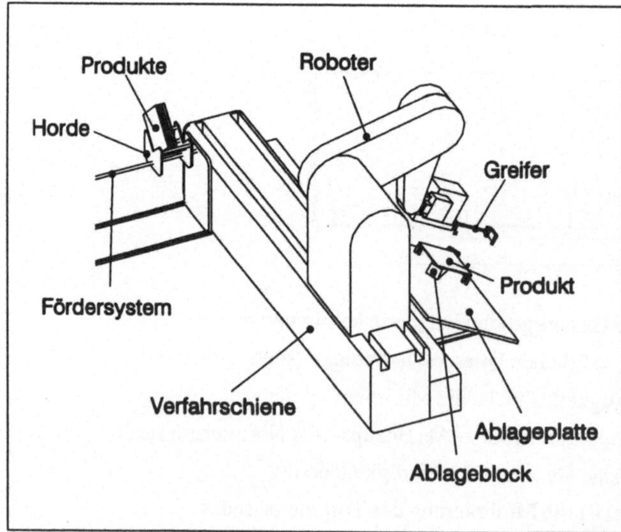

Abb. 5.18:
Praxisbeispiel
Roboterarbeits
platz im Rein
raum - Istzustand

Über ein Fördersystem erfolgt die Bereitstellung der zu montierenden Belichtungsmasken in einer Horde. Die Masken werden von dem Reinraumroboter aufgenommen und auf dem schräg liegenden Ablageblock der Ablageplatte abgelegt. Zwischen dem Ablageblock und dem Produkt befindet sich hierbei ein 8 mm breiter Luftspalt, der eine Umströmung des Produktes auch im abgelegten Zustand ermöglichen soll. Der Ablagevorgang ist notwendig, da die quadratförmigen Produkte vor der Montage einer Prüfung durch einen Laserscanner unterzogen werden. Hierzu wird jede Belichtungsmaske zweimal, jeweils in einer anderen Orientierung, in den Scanner eingelegt, was ein Zwischenablegen und Umgreifen erforderlich macht. Die Zeit für das Zwischenablegen kann hierbei einige Minuten betragen. Durch die Beschickung der Ablageplatte mit einem Roboter herrschen in dieser Zeit äußerst komplexe und das Kontaminationsrisiko erhöhende Strömungsverhältnisse in der Produktumgebung vor.

Mit Hilfe des entwickelten Baukastensystems wird eine Optimierung der Ablageplatte vorgenommen. Hierfür erfolgt zunächst eine strömungstechnische Untersuchung des Istzustandes der Roboterzelle, anschließend werden Optimierungsmaßnahmen aus den gewonnen Erkenntnissen abgeleitet. Die Maßnahmen werden mit Hilfe des parametrisierten, modularen Baukastensystems in ein neues Simulationsmodell umgesetzt, und die veränderbaren Parameter werden schließlich mit Hilfe der numerischen Optimierungsalgorithmen automatisch optimiert.

5.3.3.2 Untersuchung des Istzustandes

Modellgenerierung: Während des Anlagenbetriebes treten sowohl Strömungsverhältnisse ohne als auch mit Robotereinfluß auf. Für die systematische Untersuchung beider Fälle kann das Gesamtnetz modular aus im Baukastensystem hinterlegten Einzelkomponenten und Einzelnetzen aufgebaut werden. Hierzu werden der Roboter mit Verfahrschiene, die Ablageplatte mit -block sowie das Produkt aus dem Baukastensystem zusammengesetzt. Das Gesamtnetz besteht letztendlich aus zwei Einzelnetzen, einem für den Roboter und einem für die Ablageplatte mit Produkt. Ebenso werden die Prozeßdaten, Simulationsparameter und Randbedingungen mit Hilfe des Baukastensystems zur Verfügung gestellt. Netzverfeinerungen sind hauptsächlich im Produktbereich vorgesehen, da dieser Bereich im Mittelpunkt der Betrachtungen steht und hier mit hohen Strömungsgradienten zu rechnen ist. Das Geometriemodell mit Netzinformationen für den Istzustand mit Roboter sowie der experimentelle Aufbau für die Verifikation der Simulationsergebnisse sind in Abbildung 5.19 dargestellt. Die Verifikation der Simulation durch das Experiment soll hierbei die praktische Einsetzbarkeit des Planungshilfsmittels aufzeigen.

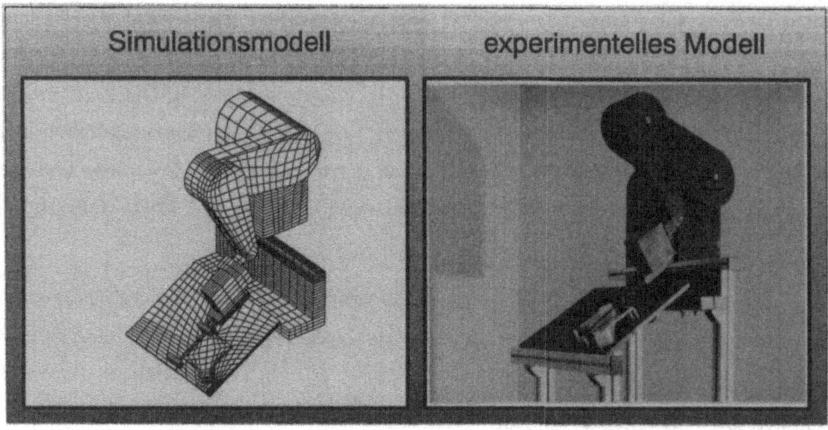

Abb. 5.19: Geometriemodell mit Netzinformationen und experimenteller Aufbau für den Istzustand

Ergebnisse für den Istzustand ohne Robotereinfluß: Exemplarisch sind in Abbildung 5.20 die Strömungsverhältnisse in einem senkrechten Schnitt durch das Produkt und die Ablageplatte als auch in einer Ebene parallel zum Produkt dargestellt. Die Ebene parallel zum Produkt ist hierbei so gelegt, daß sie durch die Mitte des Luftspaltes zwischen Belichtungsmaske und schräg stehendem Ablageblock verläuft. Die Vektoren in den Simulationsbildern geben die Geschwindigkeitsrichtung, die Farbe die Größe der Geschwindigkeit an. Blau entspricht 0.05 m/s, lila 0.8 m/s. Negativ gekennzeichnet ist der Istzustand ohne Robotereinfluß durch ein Strömungstotgebiet im oberen Ablageplattendrittel (blaue Flächen), was zu einer Anreicherung mit Partikeln in diesem Bereich führen kann. Der schräg stehende Ablageblock induziert Querströmungen im Produktbereich, so daß Partikel aus dem Strömungstotbereich zum Pro-

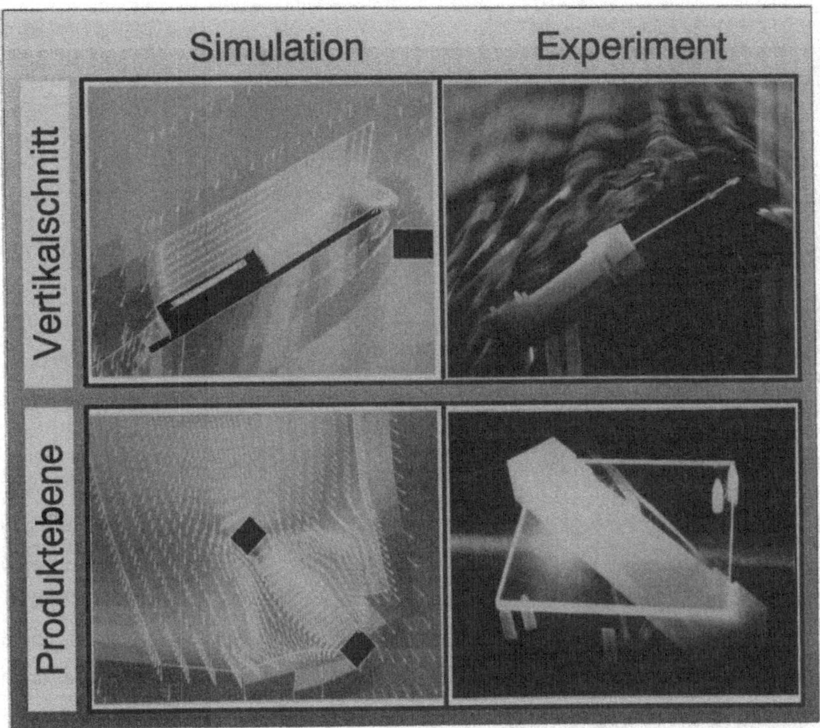

Abb. 5.20: Strömungsverhältnisse beim Istzustand ohne Robotereinfluß

dukt hin transportiert werden können. Insbesondere werden diese Partikel auch unterhalb des Produktes durch den Luftspalt transportiert, wie in der unteren linken Bildhälfte gut zu erkennen ist. Somit ist eine erhöhte Kontaminationsgefahr im Produktbereich gegeben. Der qualitative Vergleich mit den experimentell ermittelten Strömungsvisualisierungen zeigt eine zufriedenstellende Übereinstimmung. Ebenfalls können in den experimentellen Visualisierungsbildern das Strömungstotgebiet (oben rechts im Vertikalschnitt) sowie die Querströmungen unterhalb des Produktes (unten rechts in der Produktebene) gut erkannt werden.

Ergebnisse für den Istzustand mit Robotereinfluß: Abbildung 5.21 zeigt die Ergebnisse der Geschwindigkeitsverläufe für den Istzustand mit Robotereinfluß in einer

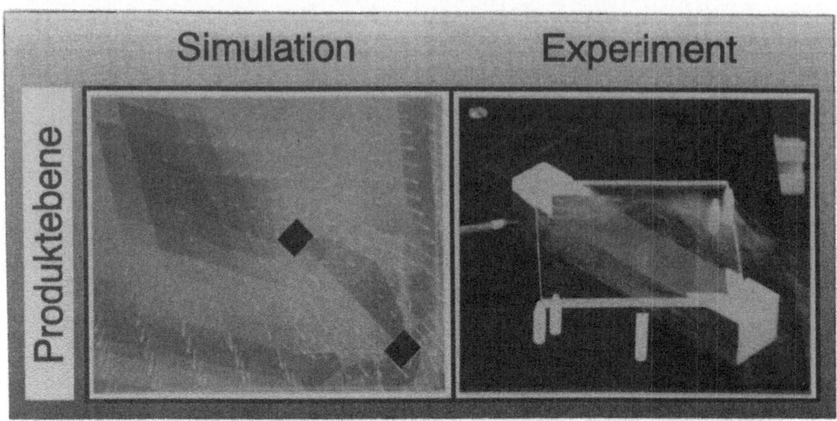

Abb. 5.21: Strömungsverhältnisse beim Istzustand mit Robotereinfluß

Ebene parallel zum Produkt. Die Ebene wurde hierbei wieder durch die Mitte des Luftspaltes zwischen Produkt und Ablageblock gelegt. Durch den Robotereinfluß wird das Totgebiet im oberen Plattendrittel verstärkt (dunkelblaue Fläche), was zu einer Anreicherung von durch Bewegungselemente emittierten Partikeln führen kann. Insbesondere können der Roboter und der Robotergreifer Partikel emittieren, die sich in diesem Bereich anlagern können. Durch den Robotereinfluß werden die Querströmungen (siehe weiße Pfeile) erheblich verstärkt. Diese verstärkten Querströmungen führen Luft aus dem Strömungstotbereich direkt unterhalb des Produktes vorbei. Die durchschnittlichen Geschwindigkeiten im Produktbereich betragen ca. 0.25 m/s im Vergleich zu einer ungestörten Strömungsgeschwindigkeit von 0.45 m/s im Reinraum, so daß ein einheitlicher Luftwechsel um das Produkt nicht gewährleistet ist. Die durch Querströmungen verschleppten Partikel können sich demzufolge relativ lange in der direkten Produktumgebung aufhalten, was zu einer Erhöhung der Kontaminationsgefahr führt. Der qualitative Vergleich der Simulation mit dem Experiment weist wieder eine zufriedenstellende Übereinstimmung auf, insbesondere sind die verstärkten Querströmungen im experimentellen Visualisierungsbild gut erkennbar.

5.3.3.3 Optimierung mit Hilfe des Baukastensystems

Für den ungünstigeren Fall der Strömungsbeeinflussung durch den Roboter wird im folgenden eine Optimierung vorgenommen. Aus der Untersuchung des Istzustandes können folgende prinzipiellen Maßnahmen abgeleitet werden, die zu einer Verbesserung der Strömungssituation um das Produkt führen:

- Steilerstellung der Ablageplatte zur Minimierung des Staugebietes. Aus Gründen der Lagesicherheit des Produktes sollte ein 50°-Winkel nicht überschritten werden.

- Ersetzung des Ablageblockes durch Ablagestifte zur Minimierung der Quergeschwindigkeiten.

- Anordnung einer Absaugung unterhalb des Produktes zur Erhöhung des Luftwechsels um das Produkt sowie zur Vermeidung von Quer- und Aufwärtsströmungen.

Die Umsetzung der Optimierungsmaßnahmen in ein neues Simulationsmodell sowie die optimale Auslegung der veränderbaren Parameter (Plattenneigung und Absaugvolumenstrom) erfolgt im folgenden wieder mit Hilfe des modularen Baukastensystems.

Modellgenerierung: Für die Erstellung des Simulationsmodells wird nur das Ablageplattennetz durch ein neues ersetzt, welches wiederum aus Komponenten des Baukastensystems aufgebaut ist. Ebenso werden die Prozeßdaten, Simulationsparameter und Randbedingungen sowie eine Anfangsschätzung zur Verfügung gestellt. Netzverfeinerungen sind wieder um das Produkt herum vorgesehen. Das Geometriemodell mit Netzinformationen sowie der experimentelle Aufbau für die Verifikation der Simulationsergebnisse sind in Abbildung 5.22 dargestellt.

Numerische Optimierung: Als wesentliche Parameter für die optimale Auslegung der Ablagevorrichtung sind die Plattenneigung und der Absaugvolumenstrom zu berücksichtigen. Als Ausgangsgrößen werden 30° für die Plattenneigung, die mit der Neigung des Istzustandes übereinstimmt, und ein Absaugmassenstrom von 0.2 kg/s verwendet (Abbildung 5.23). Ziel der numerischen Optimierung ist hierbei die auto-

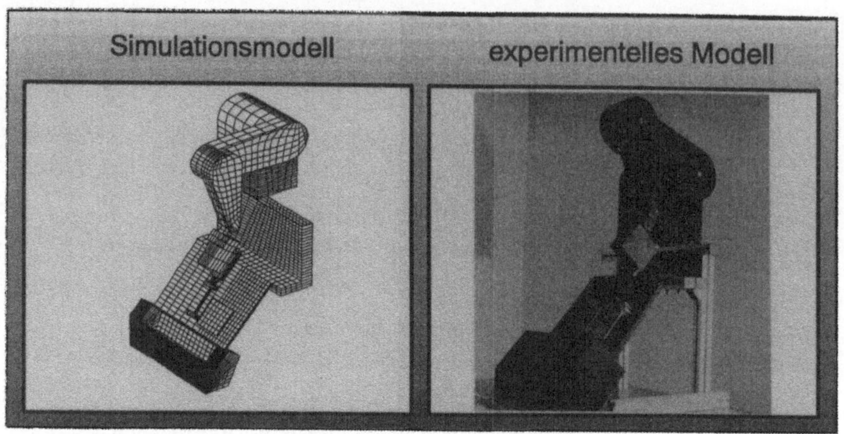

Abb. 5.22: Geometriemodell mit Netzinformationen und experimenteller Aufbau für den optimierten Zustand

matische Bestimmung der optimalen Parameter der vorgeschlagenen Optimierungsmaßnahmen.

Als Größe für die Bewertung und Optimierung der Ablageplatte dient der in Abschnitt 5.3.2 definierte Systemfähigkeitskennwert. Dieser wird über ein Volumen, welches das Produkt nach allen Seiten mit 3 cm umschließt, ermittelt, da das eigentli-

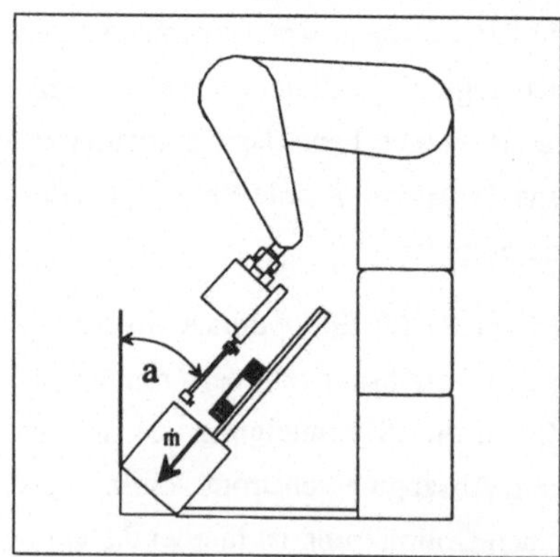

Abb. 5.23: Optimierungsparameter

che Ziel der Optimierung die Strömungsverhältnisse um das Produkt darstellen. Als Optimierungverfahren wird die Hooke-Jeeves-Methode verwendet. Die Ergebnisse des Optimierunglaufs sind in Abbildung 5.24 dargestellt. Da keine Aufwärtsströmungen auftreten, wird hierbei auf die Darstellung dieses Wertes verzichtet. Es ist eine deutliche Verbesserung der Einzelkriterien als auch des Systemfähigkeitkennwertes während des Optimierungslaufes festzustellen. Insgesamt kann somit eine Ver-

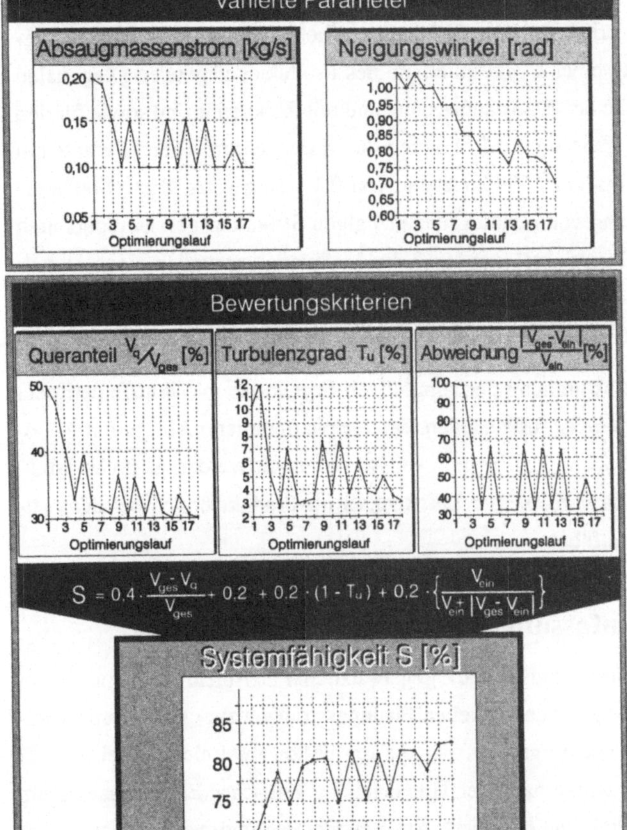

Abb. 5.24: Ergebnisse des Optimierungslaufes

besserung der Systemfähigkeit um ca. 20 % bei Berücksichtigung des Roboterein-
flusses erzielt werden. Die optimalen Parameter wurden hierbei zu 50° für die Plattenneigung und zu 0.1 kg/s für den Absaugmassenstrom bestimmt.

5.3.3.4 Quantitative Verifikation der Ergebnisse mit dem Experiment

Für die quantitative Verifikation der Simulationsergebnisse wurden Geschwindigkeitsmessungen entlang einer 4 mm unterhalb des Produktes liegenden Diagonalen im Luftspalt für die Fälle des Istzustandes ohne und mit Robotereinfluß sowie für den numerisch optimierten Zustand mit Robotereinfluß durchgeführt. Hierfür wurde ein Hitzdrahtanemometer mit einer Zeitkonstante von 0.1 s eingesetzt. Diese Sonde ermöglicht die Bestimmung von richtungsunabhängigen Strömungsgeschwindigkeiten ab 0.1 m/s mit einer Genauigkeit von 10 % des Meßwertes zuzüglich einer Abweichung von 0.01 m/s und ist für die Messung von Reinraumströmungsgeschwindigkeiten demzufolge gut einsetzbar. Die Ergebnisse sind in Abbildung 5.25 dargestellt.

Es ist eine gute Übereinstimmung der simulativen Ergebnisse mit dem Experiment festzustellen. Insbesondere ist festzustellen, daß für die optimierte Ablage mit Robotereinfluß wesentlich höhere Geschwindigkeitswerte erzielt werden als beim Istzustand. Dies ist auf einen verbesserten Luftwechsel im Produktbereich bei der optimierten Ablage zurückzuführen.

5.4 Zusammenfassung

Anhand zweier strömungstechnisch stark gegensätzlicher Beispiele wurde in diesem Abschnitt die Anwendung der entwickelten Planungsstrategie zur Optimierung komplexer Produktionssysteme aufgezeigt. Für die Immissionsminimierung bei der Lasermaterialbearbeitung wurde nach der Untersuchung kritischer Einzelprozesse ein Absaugkonzept entwickelt und optimiert. Am Beispiel der Optimierung einer Ablagevorrichtung für eine Roboterzelle in der Reinraumfertigung wurde anschließend die Übertragbarkeit und Allgemeingültigkeit der Planungsstrategie dokumentiert. Alle Untersuchungen konnten qualitativ bzw. quantitativ mit Hilfe des Experiments verifiziert werden. Somit steht ein praxistaugliches Hilfsmittel für die Berücksichtigung strömungstechnischer Problemstellungen in der frühen Planungsphase komplexer Produktionssysteme zur Verfügung.

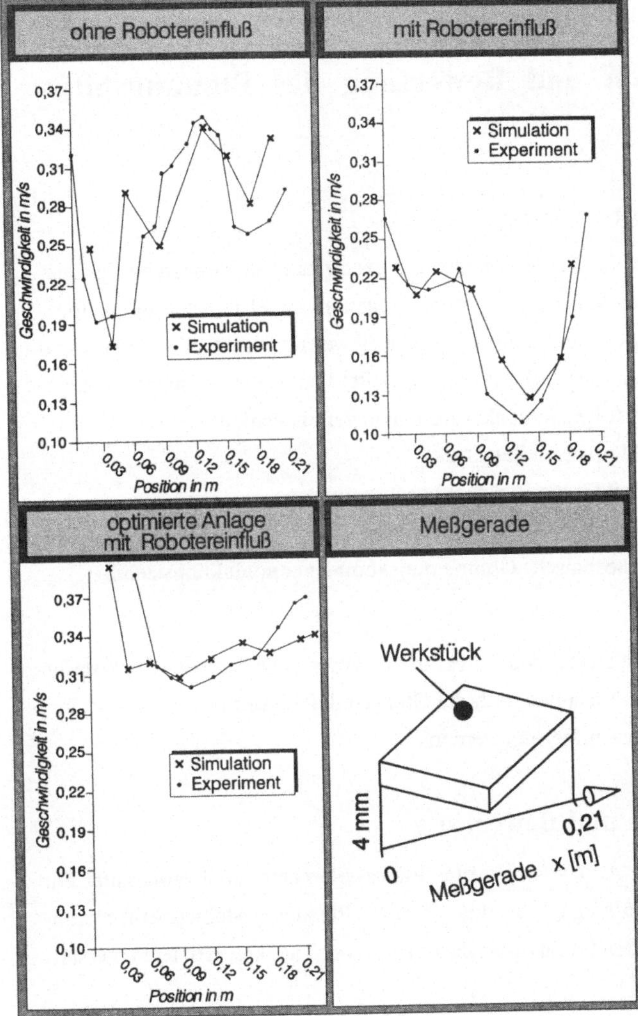

Abb. 5.25:
Quantitativer Vergleich Simulation - Experiment

6 Diskussion und Bewertung des Planungshilfsmittels

6.1 Zielsetzung

Ziel dieses Abschnittes ist die Diskussion und exemplarische Bewertung des Planungshilfsmittels. Hierzu können die Anforderungen an ein effizientes simulationsbasiertes Hilfsmittel für die strömungstechnische Bewertung und Optimierung komplexer produktionstechnischer Teilsysteme, abgeleitet von den im Abschnitt 1 dargelegten Zielen der Arbeit, folgendermaßen zusammengefaßt werden:

- Minimierung der Modellerstellungszeit
- Optimierung der Zeit für die Berechnungsdurchführung
- einfache strömungstechnische Bewertung von Alternativkonzepten
- einfache strömungstechnische Optimierung komplexer produktionstechnischer Teilsysteme

Im folgenden erfolgt eine Diskussion der Erfüllung dieser Ziele durch die vorgestellte Planungsstrategie, weiterhin sollen auch die Grenzen des Einsatzes der numerischen Strömungssimulation kurz aufgezeigt werden.

6.2 Diskussion und Bewertung

Das im Rahmen dieser Arbeit vorgestellte Baukastensystem stellt Hilfsmittel zur Verfügung, die eine Erfüllung der an eine effiziente Planung gestellten Anforderungen erlauben und somit den Produktionsplaner bei seiner Tätigkeit effizient unterstützen.

So ist eine Reduzierung der Modellerstellungszeit durch den modularen, voll parametrisierten Aufbau der Modelle aus Einzelkomponenten und Einzelnetzen gewährleistet. Die Bibliotheken sind modular aufgebaut und erweiterungsfähig und stellen durch ihren parametrisierten und hierarchischen Aufbau (vgl. Abbildung 4.10) sowohl für Neuplanungen als auch für Anpassungs- und Variantenplanungen Bausteine für den Modellaufbau zur Verfügung.

Eine Zeitreduzierung bei der Berechnungsdurchführung wird durch die Verwendung eines Simulationsparametermoduls sowie eines Ergebnismoduls ermöglicht, in denen optimierte Werte und Ergebnisse für spezielle Anwendungen abgespeichert sind. Sie können als Parameter für Anpassungs- und Variantenplanungen herangezogen werden und unterstützen somit die Wahl optimaler Berechnungsparameter und Anfangsschätzungen. Abbildung 6.1 zeigt beispielhaft die Ergebnisse einer Untersuchung der Effizienz der Verwendung einer Anfangsschätzung mit Hilfe des Baukastensystems am Beispiel des Istzustandes der in Abschnitt 5.3 diskutierten Reinraumanwendung. Der Vergleich mit einer homogenen Anfangsschätzung ergibt eine circa 30-prozentige Reduktion der Berechnungszeit.

Kriterien	Anfangs-schätzung	Ergebnis-interpolation
Knotenzahl	61 854	61 854
gesamte Iterationsanzahl	110	80
gesamte CPU-Zeit [h] Computer: HP 720	14.2	10.3

Abb. 6.1:
Vergleich einer interpolierten mit einer homogenen Anfangsschätzung

Die Verwendung eines universell einsetzbaren und applikationsspezifisch wählbaren Systemfähigkeitskennwertes erlaubt die schnelle strömungstechnische Bewertung sowohl einzelner Produktionssysteme als auch eine Bewertung unterschiedlicher Alternativkonzepte. Dies wird durch die integrale Mittelwertbildung von strömungstechnischen Bewertungskriterien über beliebig wählbare Auswahlvolumina oder -flächen ermöglicht. Ein makrobasierter Aufbau der Integrations- und Bewertungsroutinen stellt hierbei die schnelle, flexible Anpassung an unterschiedlichste Problemstellungen sicher.

Die Anbindung an numerische Optimierungsroutinen zusammen mit der Variation geometrischer Parameter als auch äußerer Einflüsse bildet die Grundlage für die computergestützte strömungstechnische Optimierung komplexer produktionstechnischer Teilsysteme. Der Produktionsplaner wird hierdurch von zeitaufwendigen manuellen Parametervariationen befreit. Insbesondere wird die gleichzeitige Variation mehrerer Parameter gemeinsam mit der Berücksichtigung mehrerer Bewertungskriterien, zusammengefaßt im Systemfähigkeitskennwert, ermöglicht, was zu einem systematischen Optimierungsablauf führt. Darüberhinaus trägt die interpolative Bereitstellung einer Anfangsschätzung für jeden Optimierungslauf zu einer zeitsparenden Durchführung der numerischen Optimierung bei.

Die in Abschnitt 6.1 zusammengefaßten Anforderungen an ein effizientes Hilfsmittel werden demzufolge durch die entwickelte Planungsmethode gut erfüllt. Allerdings müssen auch die Grenzen des Einsatzes der numerischen Strömungssimulation betrachtet werden. So ist die Berechnungsdurchführung insbesondere bei komplexen physikalischen Problemstellungen sehr CPU-intensiv. Dies erschwert die Berücksichtigung zeitabhängiger Strömungsverläufe, wie beispielsweise die Berücksichtigung der Roboterbewegung oder der Richtungsänderung des Lasers bei der Lasermaterialbearbeitung. Mit der fortschreitenden Computerentwicklung ist allerdings zu erwarten, daß auch solche Problemstellungen mit Hilfe der numerischen Strömungssimulation gelöst werden können. Das im Rahmen dieser Arbeit entwickelte Baukastensystem bildet hierzu eine gute Grundlage.

7 Zusammenfassung und Ausblick

Die Analyse des Standes der Technik ergab, daß sich die numerische Strömungssimulation in den vergangenen Jahren im Zuge der Weiterentwicklung leistungsfähiger Computersysteme ein weites Anwendungsfeld erschlossen hat. Für die strömungstechnische Optimierung von Produktionssystemen, wie z.B. die Auslegung von Absauganlagen für die Materialbearbeitung oder die strömungstechnische Optimierung von Reinraumfertigungen oder Lackierhallen, wird die Simulation als Planungshilfsmittel in der frühen Planungsphase aufgrund bestehender Defizite aber noch kaum eingesetzt. So stehen dem Produktionsplaner keine ausreichenden Hilfsmittel für die Auswahl eines geeigneten Simulationssystems zur Verfügung. Die Erstellung der Simulationsmodelle ist aufwendig und es fehlen Richtlinien für die zeitoptimierte Berechnungsdurchführung. Ebenso fehlen Hilfsmittel zur effizienten zeitoptimierten strömungstechnischen Bewertung und Optimierung komplexer Produktionssysteme.

Um diesen Hemmnissen entgegenzuwirken, ist das Ziel der vorliegenden Arbeit, effiziente Hilfsmittel für die Auswahl und das Betreiben eines Simulationssystems zu erarbeiten, die letztendlich dazu beitragen, Entwicklungszeiten zu reduzieren, die Planungsqualität zu erhöhen, Produkt- und Produktionsqualität zu steigern und Betriebskosten zu senken.

Hierzu wurde zunächst ein applikationsspezifisches Anforderungsprofil für die Auswahl eines Simulationssystems für in der Produktion auftretende Strömungsprobleme erarbeitet. Um den unübersichtlichen Markt der kommerziell erhältlichen Simulationssysteme transparenter zu machen, wurden eine Marktanalyse durchgeführt und eine Anzahl geeigneter Simulationssysteme gegenübergestellt. Es wurde eine Gewichtung der für die Auswahl eines Simulationssystems notwendigen Bewertungskriterien durchgeführt, die für die Durchführung einer Nutzwertanalyse verwendet werden kann. Somit steht ein Hilfsmittel für die zielgerichtete Auswahl eines Strömungssimulationssystems zur Verfügung.

Anschließend wurde eine Planungsmethode für die effiziente strömungstechnische Optimierung von Produktionssystemen auf Basis der numerischen Strömungssimulation entwickelt. Den Mittelpunkt bildet ein modular aufgebautes Baukastensystem, das Hilfsmittel zur Modellerstellung, Berechnungsdurchführung, Systembewertung und -optimierung beinhaltet. Eine systemtechnische Aufteilung des Gesamtsimulationsmodells in Einzelmodelle, die wiederum aus Einzelbausteinen zusammengesetzt sind, ermöglicht hierbei eine zeiteffiziente, modulare und flexible Modellgenerierung für Neu-, Anpassungs- und Variantenplanungen. Für eine zeitoptimierte Berechnungsdurchführung wurden Hilfsmittel zur Unterstützung bei der Wahl der Simulationsparameter für das Gesamtsimulationsmodell als auch für die geeignete Wahl einer Anfangsschätzung erarbeitet. Die Einführung eines integralen Systemfähigkeitskennwertes ermöglicht die schnelle und flexible strömungstechnische Bewertung von Produktionssystemen nach verschiedensten Gesichtspunkten. Sie bildet die Grundlage für eine numerische Optimierung, die durch Anbindung von Optimierungsroutinen realisiert wurde. Exemplarisch wurde das Baukastensystem für zwei unterschiedliche, praktische Problemstellungen aufgebaut, zum einen für die Auslegung von Absauganlagen für die Lasermaterialbearbeitung, zum anderen für die strömungstechnische Optimierung komplexer Reinraumfertigungen.

An diesen zwei gegensätzlichen Problemstellungen wurde anschließend die Anwendbarkeit und Übertragbarkeit der Planungsmethode dargestellt. Im Fall der Lasermaterialbearbeitung wurde nach einer Situationsanalyse und der simulativen Untersuchung grundlegender Schadstoffausbreitungsvorgänge und Saugfelder ein Absaugkonzept für die Schweißbearbeitung konzipiert und optimiert. Im Fall der Reinraumtechnik wurde ein Roboterarbeitsplatz nach strömungstechnischen Gesichtspunkten optimiert. In beiden Fällen erwies sich der Einsatz des Baukastensystems als praxistauglich. Alle simulativen Ergebnisse wurden mit experimentellen Untersuchungen verifiziert, und es konnte eine gute Übereinstimmung festgestellt werden. Die guten qualitativen und quantitativen Ergebnisse der Simulationen bei vertretbarem zeitlichen Aufwand bestätigen die Sinnfälligkeit des Einsatzes der numerischen Strömungssimulation als effektives Hilfsmittel bei der Planung von Produktionssystemen.

Die Ausweitung und gleichzeitige Veränderung der Einsatzgebiete der numerischen Strömungssimulation wird in den kommenden Jahren von den Weiterentwicklungen der zugrunde liegenden numerischen und physikalischen Modelle sowie der Computertechnologie bestimmt werden. So ist zu erwarten, daß das physikalisch plausiblere Reynoldsspannungsmodell zur Beschreibung turbulenter Strömungserscheinungen vermehrt eingesetzt werden wird. Eine besondere Aufmerksamkeit wird den automatischen und adaptiven Netzerzeugungsverfahren beizumessen sein, die jedoch nur vor dem Hintergrund einer fortwährenden, rasanten Veränderung der Computerleistung voll in die numerische Strömungssimulation integriert werden können. Durch eine Kopplung mit der im Rahmen dieser Arbeit vorgestellten Planungsstrategie können hierbei weitere Potentiale für den Einsatz der Strömungssimulation in der Produktionsplanung erschlossen werden. Darüberhinaus ist aufgrund des in der Regel nicht stationären Charakters von Vorgängen in Produktionssystemen eine Koppelung von Bewegungs- und Strömungssimulationssystemen denkbar, die in das Ziel einer ganzheitlichen Rechnerdurchdringung münden.

Abschließend kann festgestellt werden, daß die im Rahmen dieser Arbeit entwickelte Planungsmethode aufgrund ihrer Allgemeingültigkeit und Übertragbarkeit nicht allein auf die Optimierung von Produktionssystemen beschränkt ist, sondern auch in vielen anderen Bereichen der Konstruktion, Planung und Entwicklung von Produkten und Anlagen hilfreich zum Einsatz kommen kann.

8 Literaturverzeichnis

/ABOO 92/   *Aboosaidi, F.:* Numerical Analysis of Airflow in Aircraft Cabins. Cray Channels, Spring 1992, S. 16 -19.

/ALBE 92/   *Albertz, F.:* Finite-Elemente-Berechnung des dynamischen Verhaltens von Werkzeugmaschinen bei der Konstruktion. Sonderschau "Produktionstechnik von Morgen", Metav 92 Düsseldorf 5.-9.5.1992, S. 83.

/AMBO 92/   *Ambos, E., Richter, U., Soethe, M., Salm, T.:* Rechnergestützte Konstruktion und Fertigung von Modellen und Formen. Wissenschaftliche Zeitschrift der Technischen Universität "Otto von Guericke" Magdeburg 36 (1992) Heft 2/3, S. 11-21.

/ANDE 91/   *Anderson, G., Ecer, A., Padgaonkar, A., Hooshang, D.:* Computer-Aided Analysis of Airflow in the Design of Air Conditioning Systems. Int. SAE Congress and Exposition, Detroit, Michigan, February 25 - March 1, 1991.

/BACH 88/   *Bach, F.-W., Haferkamp, H., Vinke, T., Wittbecker, J.-S.:* Staub-, Aerosol-, Gasemissionen beim Laserschneiden. LASER MAGAZIN 1/88, S. 23 - 25.

/BALB 90/   *Balbach, J.:* Integration des Lasers in Fertigungsabläufe. Blechbearbeitung November '90, S. 40 - 46.

/BARC 90/   *Barclay, W.H., Aston, J.G.L.:* Influence of Vent Positions on Smoke Clearance from a Room. Int. J. Heat and Fluid Flow, Vol. 11, No. 4, December 1990, S. 362 - 370.

/BAKE 89/   *Baker, T.J.:* Automatic Mesh Generation for Complex Three-Dimensional Regions Using a Constrained Delaunay Triangulation. Engineering with Computers 5 (1989), S. 161 - 175.

/BASE 92/   *N.N.:* Basel World User Days CFD 1992. Conference Proceedings May 24 - 28, 1992.

/BEIT 90/   *Beitz, W., Küttner, K.-H. (HG):* Dubbel. Taschenbuch für den Maschinenbau. 17. Auflage, Springer Verlag Berlin Heidelberg New York, 1990.

/BENN 88/   *Bennon, W.D., Incropera, F.P.:* Numerical Analysis of Binary Solid-Liquid Phase Change Using a Continuum Model. Numerical Heat Transfer, Vol. 13, 1988.

/BETT 90/   *Betts, K.:* Adaptivity Reshapes FE Analysis. Mechanical Engineering, October 1990, S. 59 - 64.

/BERG 92/   *Berger, H.:* Numerical Simulation of Gas Flow in Pneumatic Components. Forschung im Ingenieurwesen - Engineering Research Bd. 58 (1992) Nr. 3, S. 67 - 74.

/BHAR 91/   *Bharatan, R.:* RAMPANT - A Solution Adaptive CFD Code. CFD. Fall 1991 Volume 2 Number 1, S. 2.

/BRAN 86/   *Brandstätter, W.:* Computer Simulation of External and Internal Turbulent Flows in the Automotive Industry. Conference-Proceedings: Supercomputer Applications in Automotive Research and Development, Zürich, Oktober 1986.

/BRAN 90/   *Brandstätter, W.:* Dreidimensionale Simulation turbulenter Innenströmungen im Automobilbau. VDI-Berichte Nr. 816 (1990), S. 285 - 314.

/BRUN 89/   *Brunk, M.F., Reinders, R., Bode, S.:* Visualisierte Luftströmung bestätigt Rechenprogramm. HLH Bd. 40 (1989) Nr. 3, S. 141 - 147.

/BÜHL 89/   *Bühler, W., Böse, B., Geiger, M.:* Nutzwertanalyse als Entscheidungshilfe für die Komplettbearbeitung. VDI-Z 131 (1989) Nr. 5, S. 12 - 18.

/BURN 89/   *Burns, A.D., Wilkes, N.S.:* A Finite Difference Method for the Computation of Fluid Flows in Complex Three Dimensional Geometries. Harwell Laboratory, Oxfordshire OX11 ORA, 1989.

/BUSN 88/   *Busnaina, A., Abuzeid, S., Sharif, M.:* Numerical Modeling of Fluid Flow and Particle Transport in Clean Rooms, 9th ICCCS Proceedings, 1988, S. 600 - 607.

/CARE 91/   *Caren, S.:* Vorteile in jeder Phase des Produktionskreislaufes. Plastverarbeiter 42. Jahrgang (1991) Nr. 12, S. 60 - 65.

/CATA 89/   *N.N.:* Catalyst. Sun Microsystems Inc., Fall 1989 SPARC Edition.

/CAVA 90/   *Cavalleri, R.:* CFD Applications for Thrust Vector Control Systems. CFD (1990) vol. 1, no. 1, S. 3.

/COEL 91/   *Coelho, P., Pereira, J.C.F., Carvalho, M.G.:* Calculation of Laminar Recirculating Flows Using a Local Non-staggered Grid Refinement System. Int. Journ. for num. Meth. in Fluids. Vol. 12 (1991), S. 535 - 557.

/COMP 91/   *N.N.:* Computational Fluid Dynamics - User Survey. Engineering, Oct. 1991. S. 39 - 44.

/CONN 92/   *Connor O', L.:* Giving a Boost to Engine Design. Mechanical Engineering, May 1992, S. 44 - 50.

/DAEN 83/   *Daenzer, W.F.:* Systems Engineering - Leitfaden zur methodischen Durchführung umfangreicher Planungsvorhaben. Verlag Industrielle Produktion, Zürich, 1983.

/DAHM 93/   *Dahmen, M., Pirch, N., Kreutz, E.W.:* Prozeßoptimierung der Lasermaterialbearbeitung von ausgewählten Kunststoffen im Hinblick auf eine Minimierung der Schadstoffemission. Zwischenbericht für das EUREKA Vorhaben EU 643 EUROLASER: Safety in the Industrial Applications of Lasers, März 1993.

/DALL 48/   *Dalla Valle:* Exhaust Hoods, The Industrial Press, 148 La Fayette Street, New York, 1948.

/DEGE 92/   *Degenhard, E.:* Strömungstechnische Auslegung reinraumtauglicher Fertigungseinrichtungen, IPA - IAO Forschung und Praxis Nr. 165, Springer Verlag Berlin Heidelberg New York, 1992.

/DIER 93/   *Dierken, R., Bergmann, H.W.:* Statusbericht zur entwicklungsbegleitenden Normung. Zwischenbericht für das Verbundprojekt "Lasersicherheit" EU 643, ATZ-EVUS, Vilseck, 1993.

/DIES 88/   *Diess, H.:* Rechnerunterstützte Entwicklung flexibel automatisierter Montageprozesse. iwb-Forschungsberichte 11, Springer-Verlag Berlin Heidelberg New York, 1988.

/DIN 25424/ *N.N.:* DIN 25424 Fehlerbaumanalyse. Beuth-Verlag, Berlin Köln, 1981.

/DIN 8580/   *N.N.:* DIN 8580 Fertigungsverfahren, Begriffe, Einteilung. Beuth-Verlag, Berlin Köln, 1985.

/DITT 85/   *Dittes, W., Goettling, D., Wolf, H.:* Arbeitsplatzluftreinhaltung - Schadstofferfassungseinrichtungen in der Fertigungstechnik. Schriftenreihe der Bundesanstalt für Arbeitsschutz Nr. 438, 1985.

/DYCK 92/   *Dyckhoff, J., Michaeli, W.:* Simulation ist gut, Kontrolle besser. Kunststoff-Journal 4-92, S. 17 - 19.

/ECER 88/   *Ecer, A., Akay, H.U.:* Finite Element Solutions of Three-Dimensional Internal Flow Problems. Int. Off-Highway & Powerplant Congress & Exposition, Milwaukee, Wisconsin, September 12-15, 1988.

/EISE 92/   *Eisele, M.:* Applications of Computational Fluid Dynamics within the Development Process of Mercedes-Benz AG. Conference Proceedings Basel World User Days CFD 1992, May 24 to 28, 1992, S. 2.1 - 2.14.

/ELLE 83/   *Ellenbecker, M.J., Gempel, R.F., Burgess, W.A.:* Capture Efficiency of Local Exhaust Ventilation Systems. Am. Ind. Hyg. Assoc. J. 44 (10) 1983, S. 752 - 755.

/ENGE 90/   *Engelman, M.:* CFD for Breakfast. CFD (1990) vol. 1, no. 1, S. 3.

/ENGE 91/   *Engel, K.:* Schutz statt Schaden - Anforderungen an die Lasersicherheit. LASER, April 1991, S. 100 - 102.

/ENGE 92/   *Engel, A., Fischbacher, J.:* Dem Partikel auf der Spur. Produktion (1992) Nr. 13, S. 20 - 21.

/ENGE 93/   *Engel, A.:* Numerical Flow Simulation as a Planning Aid for the Minimization of Immissions in Laser Material Processing. Second EUREKA Industrial Laser Safety Forum '93, 29./30.3.1993, Coventry, United Kingdom.

/EPPL 91/   *Epple, B.:* Dreidimensionale, turbulente Strömungs- und Mischungsgradberechnung mit dem PISO-Algorithmus. Forschung im Ingenieurwesen, Bd. 57 (1991) Nr. 4, S. 105 - 112.

/FAWC 91/   *Fawcett, N., Hannon, J.:* Getting Started in Fluid Dynamics with CFD. Design Engineering, September 1991, S. 36 - 40.

/FEDE 88/   *N.N.:* Federal Standard 209 D: Cleanroom and Workstation Requirements, Controlled Environment. 15. Juni 1988.

/FELD 90/   *Feldermann, J.:* Einsatz der adaptiven Finite-Elemente-Netzverfeinerung zur Berechnung und Optimierung von Bauteilen aus Faserverbundwerkstoffen. Fortsch.-Ber. VDI Reihe 1 Nr. 189, Düsseldorf: VDI-Verlag 1990.

/FINN 90/   *Finnigan, P., Hathaway, A., Lorensen, W.:* Merging CAT and FEM. Mechanical Engineering, July 1990, S. 32 - 38.

/FISC 91/   *Fischbacher, J.:* Planungsstrategien zur strömungstechnischen Optimierung von Reinraum-Fertigungsgeräten. iwb-Forschungsberichte Nr. 34, Springer-Verlag Berlin Heidelberg New York, 1991.

/FISC 92/   *Fischbacher, J., Engel, A.:* Strömungssimulation als Planungsmittel bei der strömungstechnischen Integration von Fertigungsgeräten in den Reinraum. VDI-Berichte 919, Düsseldorf, 1992, S. 135 - 158.

/FLET 88/   *Fletcher, C.:* Computational Techniques for Fluid Dynamics. Springer-Verlag Berlin Heidelberg New York, 1988.

/FORD 92/   *Forde, M., Orbekk, E., Kubberud, N.:* Reduction of Aerodynamic Drag of a High Speed Catamaran by Using Advanced CFD Calculations. Conference Proceedings Basel World User Days CFD 1992, May 24 to 28, 1992, S. 14.1 - 14.18.

/FRÖH 93/   *Fröhlich, P., Holland, H.-J.:* Kopplungen von Berechnungs- und Beratungsprogrammen mit CAD. Der Konstrukteur 1-2/1993, S. 42-44.

/GALP 86/   *Galpin, P.F., Huget, R.G., Raithby, G.D.:* Fluid Flow Simulations in Complex Geometries. CNS/ANS Second Int. Conf. on Simulation Methods in Nuclear Engineering, Montreal, Oct. 1986.

/GARN 92/   *Garnich, F.:* Laserbearbeitung mit Robotern. iwb-Forschungsberichte Nr. 50, Springer-Verlag Berlin Heidelberg New York, 1992.

/GEFA 91/   *N.N.:* Gefahrstoffe 1991. Universum Verlagsanstalt Wiesbaden, 1991.

/GENS 89/   *Genschow, H., Harnisch, H.-G.:* Auswahl einer optimalen Werkzeugmaschine. VDI-Z 131 (1989), Nr. 8, S. 38 - 42.

/GILL 92/   *Gillar, J.:* Schadstoffe erfassen. Industrieanzeiger 32/92, S. 52 - 54.

/GLYN 92/   *Glyn, D.:* Fluid-flow, Heat-transfer and Chemical Reaction Modelling and Analysis for Industry. Firmenschrift, Flowsolve Limited, London, 1992.

/GROT 91/   *Grothe, I.:* Technische Maßnahmen gegen Gefahrstoffbelastung beim Schweißen. s.i.s. 3/91, S. 118 - 120.

/GÜRS 92/   *Gürsoy, H.N., Patrikalakis, N.M.:* An Automatic Coarse and Fine Surface Mesh Generation Scheme Based on Medial Axis Transform: Part I Algorithms. Engineering with Computers 8 (1992), S. 121 - 137.

/HAAS 92/   *Haas, P., Bach, W.:* Gestaltoptimierung mittels FEM bei nichtlinearen Problemen. CAD/CAM 3/92, S. 130 - 132.

/HACK 85/   *Hackbusch, W.:* Multigrid Methods and Applications. Springer-Verlag, Berlin Heidelberg New York, 1985.

/HAFE 92/   *Haferkamp, H., Bach, F.-W., Wittbecker, J.-S.:* Gefahrstoffe: Charakterisierungen bei der CO_2-Laserstrahlbearbeitung. Laser und Optoelektronik 24 (6), 1992, S. 40 - 47.

/HAPP 90/   *Happel, H.-W., Stubert, B.:* Computation of Transonic 2D Cascade Flow and Comparison with Experiments. MTU Focus 1/1990, S. 4 - 9.

/HART 91/   *Hartberger, H.:* Wissensbasierte Simulation komplexer Produktionssysteme. iwb-Forschungsberichte Nr. 32, Springer-Verlag Berlin Heidelberg New York, 1991.

/HERT 89/   *Hertweck, F.:* Vektor- und Parallelrechner: Vergangenheit, Gegenwart und Zukunft. Informationstechnik it, 1989, S. 5 -22.

/HERZ 91/   *Herzog, H.-H.:* Schadstoffemission bei der Materialbearbeitung mit Lasern. Technische Rundschau 11/91, S. 42 - 45.

/HINZ 75/   *Hinze, J.O.:* Turbulence, McGraw-Hill, New York, 1975.

/HÖLZ 81/   *Hölzel, G., König, R.:* Einfluß des thermischen Auftriebs beim Schweißen auf die Lüftungsverhältnisse am Arbeitsplatz des Schweißers. Schweißen und Schneiden 33 (1981), Heft 7, S. 309 - 315.

/HÖLZ 89/   *Hölzel, G., Delventhal, B.:* Untersuchung der Erfassung und Abscheidung von Schweißrauchen und -gasen mit ortsveränderlichen Absauganlagen. Buchdruckerwerkstätten Hannover, 1989.

/HONE 91/   *Honecker, A., Steberl, R., Wulf, A.:* Simulation Analysis Requirements in a Simultaneous Engineering Environment. Int. J. of Vehicle Design, vol. 12, no. 2, 1991, S. 132-142.

/HUCH 89/   *Hucho, W.-H.:* Numerischer Windkanal. c't 1989, Heft 10, S. 44 - 52.

/JAEG 91/   *Jaeger, A.:* Systematische Planung komplexer Produktionssysteme. iwb-Forschungsberichte 31, Springer-Verlag Berlin Heidelberg New York, 1991.

/KALL 92/   *Kallinderis, Y.:* A Finite Volume Navier-Stokes Algorithm for Adaptive Grids. Int. Journ. for Num. Meth. in Fluids, Vol. 15 (1992), S. 193 - 217.

/KARE 90/   *Karema, H., Karvinen, R.:* Mixing of Scalar Properties in Turbulent Gas-Particle Flows. Engineering Turbulence Modelling and Experiments, 1990, S. 947 - 956.

/KATT 91/   *Kattwinkel-Schulte, K.:* Effektiver Einsatz - Punktabsaugungen beim Schweißen und Löten. Industrie-Anzeiger 98/1991. S. 68 - 69.

/KEIM 92/   *Keim, U.:* Ausprobieren erlaubt - Simulation zur Simulationsanalyse. Konstruktionspraxis Nr. 2 - Februar 1992, 22. Jg., S. 22 - 23.

/KESS 91/   *Kessler, R.:* Numerische Gitter und deren Eigenschaften - Approximation konvektiver und diffusiver Flüsse durch die Kontrollvolumenoberfläche. Kurzlehrgang NUMET '91 - Numerische Methoden zur Berechnung von Strömungs- und Wärmeübergangsproblemen. 21.-24.10.1991, Universität Erlangen-Nürnberg.

/KNÖD 90/   *Knödler, H.:* The Flow in an Industrial Building. Firmenschrift Fluid Dynamics Int. Inc., April 1990.

/KNOT 91/   *Knote, O., Schnaut, U.:* Simulation von Hochgeschwindigkeits-Flammspritz-Systemen. VDI Berichte Nr. 936, 1991, S. 237 - 244.

/KODI 92/   *Kodiyalam, V.N., Parthasarathy, V.N.:* Optimized/Adapted Finite Elements for Structural Shape Optimization. Finite Elements in Analysis and Design 12 (1992), S. 1 - 11.

/KOEP 91/   *Koepfer, T.:* 3D- grafisch-interaktive Arbeitsplanung - ein Ansatz zur Aufhebung der Arbeitsteilung. iwb-Forschungsberichte Nr. 40, Springer-Verlag Berlin Heidelberg New York, 1991.

/LAKS 91/   *Lakshminarayana, B.:* An Assessment of Computational Fluid Dynamic Techniques in the Analysis and Design of Turbomachinery - The 1990 Freeman Scholar Lecture. Journal of Fluids Engineering, Sept. 1991, Vol. 113, S. 315 - 352.

/LANG 90/   *Lang, E., Kegel, B.:* Optimization of Airflow Patterns in Cleanrooms by 3-D Numerical Simulation. Swiss Contamination Control 3 (1990) Nr. 4a, S. 48 - 51.

/LAUN 72/   *Launder, B.E., Spalding, D.:* Mathematical Models of Turbulence. Academic Press: London, 1972.

/LAUN 76/   *Launder, B.E., Reece, B.J., Rodi, W.:* Progress in the Development of a Reynolds Stress Turbulence Model. J. Fluid Mech., vol. 52, 1976, S. 609.

/LAUR 90/   *Laurence, D.A.:* Modeling in Industrial Aerodynamics. Proceedings of the International Symposium on Engineering Turbulence Modelling and Measurements, Sept. 24 - 28, 1990, Dubrovnik, Yugoslavia, S. 131 - 142.

/LEE 92/   *Lee, D., Tsuei, Y.M.:* A Modified Adaptive Grid Method for Recirculating Flows. Int. Journ. for Num. Meth. in Fluids, vol. 14 (1992), S. 775 -791.

/LEHR 92/   N.N.: Lehrgang CAD/CAM - FEM. CAD/CAM 2/92, S. 110 - 118.

/LEIS 92/   *Leister, G., Schiehlen, W.:* Ein Baukastenkonzept für Modellerstellung, Simulation und Optimierung von Fahrzeugen. VDI Berichte Nr. 1007, 1992, S. 365 - 384.

/LESC 88/   *Leschonski, K.:* Grundlagen und moderne Verfahren der Partikelmeßtechnik. 10. Clausthaler Kursus, 1988.

/LESC 89/   *Leschziner, M.A.:* Modeling Turbulent Recirculating Flows by Finite-Volume Methods - Current Status and Future Directions. Int. J. Heat and Fluid Flow, vol. 10, no. 3, September 1989, S. 186 - 200.

/LESC 91/   *Leschziner, M.A.:* Kontinuumsmechanische Beschreibung von Strömungs- und Wärmeübergangsprozessen. Kurzlehrgang NUMET '91 - Numerische Methoden zur Berechnung von Strömungs- und Wärmeübergangsproblemen, 21.-24.10.1991, Universität Erlangen-Nürnberg.

/LÖHN 92/   *Löhner, R., Mestreau, E.:* Solving Complex Industrial Flow Problems Using Unstructured Grids. Conference Proceedings Basel World User Days CFD 1992, May 24 to 28, 1992, S. 21.1 - 21.14.

/LONS 92/   *Lonsdale, R.D., Oakley, D.E., et. al.:* Process Industry Solutions From CFD Software. Conference Proceedings Basel World User Days CFD 1992, May 24 to 28, 1992, S. 10.1 - 10.17.

/MAIE 92/   *Maier, C., Linner, S.:* Simulation im Werkzeugmaschinenbau. mav 9-1992, S. 30 - 31.

/MAYE 91/   *Mayer, J.F., Schaber, V., Stetter, H.:* Dreidimensionale Berechnung der niederfrequent instationär transsonischen Strömung in Axialturbinenschaufeln. Forschung im Ingenieurwesen Bd. 57 (1991) Nr. 6, S. 165 - 171.

/METH 91/   *Metha, U.B.:* Some Aspects of Uncertainty in Computational Fluid Dynamics Results. Journal of Fluids Engineering, Vol. 113 (1991) 12, S. 538 - 543.

/MICH 92/   *Michael, K.:* Zur Simulation feststoffbeladener Gasströmungen. Chem.-Ing.-Tech. 64 (1992) Nr. 1, S. 90 - 91.

/MILB 91/   *Milberg, J., Fischbacher, J., Engel, A.:* Turbulenzen im Visier. productronic 6, 1991, S. 58 - 60.

/MILB 92/   *Milberg, J., Koepfer, T.:* Zeit sparen bei der Produktentwicklung - eine Herausforderung an Produktionsunternehmen. pa 1/92, Oldenbourg - Verlag 1992.

/MONT 86/   *Monti, R., Naples, U.:* Thermography. Lecture Series on Flow Visualization and Digital Image Processing, June 3 - 13, 1986, Rhode Saint Genèse - Belgium.

/MÜLL 92/   *Müller, G.:* Finite Elemente in der CAD-Praxis. CAD/CAM 2/92, S. 119 - 123.

/MURA 90/   *Murakami, S.:* Computational Wind Engineering. Journal of Wind Engineering and Industrial Aerodynamics, 36 (1990), S. 517 - 538.

/NÖLL 92/   *Nölle, P.:* Gesundheitsschutz beim Schweißen. Technica 5/92, S. 55 - 60.

/NOVA 92/   *Novak, D., Stoff, H.:* Berechnung der Zu- und Abströmung eines Gasturbinen-Axialverdichters. ABB Technik 2/92, S. 23 - 30.

/OLEJ 92/   *Olejak, D. Heiser, W., Reisinger, D., Wagner, S.:* Laser Doppler Anemometry and Determination of Particle Size by a Relaxation-Length Method at TWM. DANTEC Information, Dantec Measurement Technology, June 1992, S. 2 - 8.

/PAHL 84/   *Pahl, G., Beitz, W.:* Konstruktionslehre. Springer-Verlag Berlin Heidelberg New York Tokyo, 1984.

/PATA 80/   *Patankar, S.:* Numerical Heat Transfer and Fluid Flows. Hemisphere, Washington, D.C., 1980.

/PATZ 82/   *Patzak, G.:* Systemtechnik - Planung komplexer innovativer Systeme. Springer-Verlag Berlin Heidelberg New York, 1982.

/PEEK 89/   *Peeken, H., Knoll, K.:* Rechnerunterstützte Weiterentwicklung von Maschinenelementen - Ausgewählte Beispiele zum Entwicklungsstand und zu den Entwicklungstendenzen im CAE-Bereich. Konstruktion 41 (1989) S. 441 - 448.

/PERI 91/   *Peric, M.:* Berechnungsverfahren für Strömungen in komplexen Geometrien - Fehlerquellen bei Strömungsberechnungen und Möglichkeiten der Fehlerquantifizierung. Kurzlehrgang NUMET '91 - Numerische Methoden zur Berechnung von Strömungs- und Wärmeübergangsproblemen, 21.-24.10.1991, Universität Erlangen-Nürnberg.

/PFEI 84/   *Pfeiffer, W.:* Bauarten und Bauformen von Erfassungseinrichtungen. In VDI Berichte 532 Erfassungsanlagen für luftfremde Stoffe, VDI Verlag Düsseldorf, 1984.

/PICC 91/   *Piccolo, F., Zecca, V., Grimaudo, A., Loiodice, C.:* Graphic Workstations and Supercomputers: An Integrated Environment for Simulation of Fluid Dynamics Problems. IBM J. Res. Develop., vol. 35, No. 1/2 1991, S. 167 - 183.

/POTH 86/   *Poth, J.:* Vergleich zwischen Berechnung und Messung der zweidimensionalen Umströmung eines Rennfahrzeug-Mittelschnitts. VDI-Tagung Fahrzeugtechnik: Berechnung im Automobilbau, 6./7.11.1986, Würzburg.

/PRES 89/   *Presdee, B.:* Computer-designed Casting. Engineering, April 1989, S. 156 - 157.

/PRES 92/   *Presdee, B.:* Improving CVD Processing. European Semiconductor, Oct. 1992, S. 19 - 20.

/REDD 84/   *Reddy, J.:* An Introduction to the Finite Element Method. Polytechnic Institute and State University, McGraw-Hill Book Company, 1984.

/REFA 87/   *N.N.:* REFA Methodenlehre der Betriebsorganisation Teil 1 - Planung und Gestaltung komplexer Produktionssysteme. Hanser-Verlag, München, 1987.

/RIEG 92/   *Rieger, H., Magagnato, F., Fritz, W., Seibert, W.:* Numerische Simulation turbulenter Strömungen um komplexe Automobilgeometrien - Erfahrung, Status und Ausblick. VDI Berichte Nr. 1007, 1992. S. 839 - 857.

/RINZ 77/   *Rinza, P., Schmitz, H.:* Nutzwert-Kosten-Analyse, VDI-Verlag, Düsseldorf, 1977.

/RIZZ 91/   *Rizzo, A.R.:* Estimating Errors in FE Analyses. Mechanical Engineering, May 1991, S. 61 - 63.

/RODI 91/   *Rodi, W.:* Some Current Approaches in Turbulence Modelling. AGARD Advis. Rept. 291, 1991.

/RÖDL 90/   *Rödl, S., Schulz, V., Sucker, D.:* Betriebs- und anlagentechnische Optimierung durch numerische Strömungssimulation, Stahl u. Eisen 110 (1990) Nr. 10, S. 87 -90.

/ROPO 75/   *Ropohl, G.:* Systemtechnik - Grundlagen und Anwendung. Hanser-Verlag, München Wien, 1975.

/ROTH 86/   *Rothe, R.:* Beitrag zur Optimierung des thermischen Schneidens mit CO_2-Hochleistungslasern. VDI Fortschritt-Berichte, Reihe 2: Fertigungstechnik, Nr. 113, VDI-Verlag Düsseldorf, 1986.

/SAMI 92/   *Samir, A., Knödler, H.:* Berechnung von Strömungsvorgängen in chemischen Laboratorien mit FLUENT. Firmenschrift, Fluent Deutschland GmbH, 1992.

/SCHÄ 91/   *Schäfer, M.:* Iterative Methoden zur Lösung algebraischer Gleichungssysteme. Kurzlehrgang NUMET '91 - Numerische Methoden zur Berechnung von Strömungs- und Wärmeübergangsproblemen. 21.-24.10.1991, Universität Erlangen-Nürnberg.

/SCHE 91/   *Scheuerer, G.:* Einführung in die numerischen Berechnungsmethoden. Kurzlehrgang NUMET '91 - Numerische Methoden zur Berechnung von Strömungs- und Wärmeübergangsproblemen. 21.-24.10.1991, Universität Erlangen-Nürnberg.

/SCHE 92/   *Scheuerer, G., Scheuerer, M.:* Two-Fluid Model Simulation of Two-Phase Flow Problems Using a Conservative Finite-Volume-Method. Forschung im Ingenieurwesen Bd. 58 (1992) Nr. 5, S. 128 - 134.

/SCHM 86/   *Schmitt, F., Ruck, B.:* Laserlichtschnittverfahren zur qualitativen Strömungsanalyse. Laser und Optoelektronik (1986) Nr. 2, S. 107 - 118.

/SCHM 87/   *Schmidt, D., Wessels, M.:* Situation des industriellen Anwenders bei der Beurteilung von Navier-Stokes-Verfahren für die Berechnung der Fahrzeugumströmung. Tagung "Aerodynamik des Kraftfahrzeugs", 3./4. November 1987, Haus der Technik e.V., Essen.

/SCHM 92/   *Schmidt, M.:* Konzeption und Einsatzplanung flexibel automatisierter Montagesysteme. iwb-Forschungsberichte Nr. 41, Springer-Verlag Berlin Heidelberg New York, 1992.

/SCHN 86/   *Schneider, G.E., Raw, M.J.:* A Skewed, Positive Influence Coefficient Upwinding Procedure for Control-Volume-Based Finite-Element Convection-Diffusion Computation. Journal of Numerical Heat Transfer, 9 (1986), S. 1 - 26.

/SCHO 91/   *Schoßmann, W.:* Für den Umweltschutz. Maschinenmarkt, Würzburg 97 (1991) 28, S. 16 - 17.

/SCHR 91/   *Schreck, E.:* Strömungsberechnung auf Parallelrechnern: Parallelisierungskonzepte und Effizienzuntersuchungen. Kurzlehrgang NUMET '91 - Numerische Methoden zur Berechnung von Strömungs- und Wärmeübergangsproblemen. 21.-24.10.1991, Universität Erlangen-Nürnberg.

/SCHU 91/   *Schunk, H.R.:* Konzeption von Lasersystemen für die Oberflächenbehandlung. Dissertation RWTH Aachen, 1991.

/SCHU 92/   *Schuster, G.:* Rechnergestütztes Planungssystem für die flexibel automatisierte Montage. iwb-Forschungsberichte Nr. 55, Springer-Verlag Berlin Heidelberg New York, 1992.

/SCHÖ 90/   *Schönung, B.:* Numerische Strömungsmechanik. Springer-Verlag Berlin Heidelberg New York, 1990.

/SHEP 90/   *Shepard, M.S.:* Idealization in Engineering Modeling and Design. Res Eng Des (1990) Vol. 1, S. 229 - 238.

/SEIF 88/   *Seifert, U., Scharnhorst, T.:* Die Bedeutung von Berechungen und Simulationen für den Automobilbau. VDI-Berichte 699, 1988, S. 1 - 36.

/SMM 92/   *N.N.:* Im Bildschirm-Windkanal bestimmt und getestet. Schweizer Maschinenmarkt Nr. 21, 1992, S. 66 - 69.

/SORG 89/   *Sorgatz, U., Deuter, H.:* Das System VWMESH zur Idealisierung von Tragstrukturen im CAE-Konzept. VDI-Z 131 (1989) Nr. 3, S. 26 - 32.

/SPAL 92/   *Spalding, D.B.:* The expert-system CFD code; problems and partial solutions. Conference Proceedings Basel World User Days CFD 1992, May 24 to 28, 1992, S. 23.1.

/SPIE 84/   *Spiegel, B.:* Die simultane Optimierung mehrerer Zielgrößen mit Hilfe von Experimenten. Dr.-Ing. Diss. TU Berlin 1984.

/SPUR 92/   *Spur, G., Sanft, C., Schüle, A.:* Ein Konstruktionssystem für Werkzeugmaschinen. ZwF 87 (1992) 8, S. 434 - 438.

/TANG 91/   *Tanguy, P.A., Lacroix, R.:* A 3D Mold Filling Study with Significant Heat Effects. Intern. Polymer Processing VI (1991) 1, S. 19 - 25.

/TASC 92/   *N.N.:* ASC-TASCflow User Documentation Version 2.2. Advanced Scientific Computing Ltd. Waterloo, Ontario, Canada, 1992.

/THIM 92/   *Thim, C.:* Rechnerunterstützte Optimierung von Materialflußstrukturen in der Elektronikmontage durch Simulation. Carl Hanser Verlag München Wien, 1992.

/TRUC 88/   *Truckenbrodt, E.:* Lehrbuch der angewandten Fluidmechanik. Springer-Verlag Berlin Heidelberg New York, 1988.

/TRUC 92/   *Truckenbrodt, E.:* Fluidmechanik, Bd. 2: Elementare Strömungsvorgänge dichteveränderlicher Fluide sowie Potential- und Grenzschichtströmungen. 3. Auflage, Springer-Verlag Berlin u.a., 1992.

/UNRU 92/   *Unruh, V., Anderson, D.C.:* Feature-Based Modeling for Automatic Mesh Generation. Engineering with Computers 8 (1992), S. 1 - 12.

/VEIT 91/   *Veith-Willier, A.:* Dynamische Simulation des Formfüllvorganges beim Spritzgießen. 12. Stuttgarter Kunststoffkolloquium, Inst. für Kunststofftechnologie, Univ. Stuttgart, 6. - 7. 3. 1991.

/VDI 2262/   *N.N.:* VDI-Richtlinie 2262: Staubbekämpfung am Arbeitsplatz. Verein Deutscher Ingenieure, Düsseldorf 1990.

/VDI 3929/   *N.N.:* VDI-Richtlinie 3929: Erfassen luftfremder Stoffe. Verein Deutscher Ingenieure, Düsseldorf 1990.

/VERM 92/   *Vermeland, R.E.:* Hardware for CFD Applications: Approaches for Scalar, Vector, Parallel and MPP Architectures. Conference Proceedings Basel World User Days CFD 1992, May 24 to 28, 1992, S. 27.1 - 27.5.

/VU 90/   *Vu, T.C., Shyy, W.:* Viscous Flow Analysis as a Design Tool for Hydraulic Turbine Components. Journal of Fluids Engineering, March 1990, vol. 112, S. 5 - 11.

/VINK 90/   *Vinke, T.:* Beitrag zum Lasertrennen und dessen Aerosolemissionen bei Eisenwerkstoffen. Dr.-Ing. Diss. Universität Hannover 1990.

/WECK 92/   *Weck, M., Kölsch, G.:* Automatische Auslegung optimaler Bauteilstrukturen. VDI-Z 134 (1992), Nr. 7/8, S. 111 - 116.

/WEND 92/   *Wendt, A.:* Qualitätssicherung in flexibel automatisierten Montagesystemen. iwb-Forschungsberichte Nr. 57, Springer-Verlag Berlin Heidelberg New York, 1992.

/WILL 92/   *Will, D., u.a.:* Unter Druck - Modellbildung und simulationstechnische Analyse von hydraulischen und pneumatischen Antrieben. Maschinenmarkt 98 (1992) 13, S. 92 - 97.

/WOEN 91/   *Woenckhaus, C., Stetter, R., Tauber, A.:* Simulation - unverzichtbare Planungskomponente. Die neue Fabrik Sonderpublikation 1991, mi-Verlag, S. 121 - 124.

/WOLF 91/   *Wolfe, A.:* CFD Software: Pushing Analysis to the Limit. Mechanical Engineering, January 1991, S. 48 - 54.

/WÜBK 91/   *Wübken, G.:* Qualifikation des Personals entscheidet über Erfolg. Plastverarbeiter 42. Jahrgang 1991 Nr. 4, S. 20 - 27.

/ZUBA 92/   *Zuba, G.H.:* Analysing the Transport and Diffusion of Pollutants from Industrial and Urban Sources. Conference Proceedings Basel World User Days CFD 1992, May 24 to 28, 1992, S. 9.1 - 9.12.

9   Anhang

Programmhersteller- und Vertreiberadressen der in der Nutzwertanalyse berücksichtigten Programme

CFD 2000:   flowsolve LIMITED
                 130 Arthur Road
                 Wimbledon Park,
                 London SW19 8AA
                 Tel.: (081) 9440940
                 Fax.: (081) 9441977

FIDAP: INTEC GmbH
                 Metzinger Straße 2
                 PF 1120
                 7433 Dettingen
                 Tel.: (07123) 71800
                 Fax.: (07123) 87137

FLOW 3D/ASTEC: Computer Science and Systems Division
                 Harwell Laboratory
                 Oxfordshire OX11 ORA
                 Tel.: (0235) 432464
                 Fax.: (0235) 436671

FLUENT: Fluent Deutschland GmbH
                 Donnersbergring 20
                 6100 Darmstadt
                 Tel.: (06151) 319544
                 Fax.: (06151) 319547

NISA/3D-FLUID: Wölfel Technische Programme
                    Otto-Hahn-Straße 2a
                    8706 Höchberg/Würzburg
                    Tel.: (0931) 4199837
                    Fax.: (0931) 4199815

PAM-Fluid: ESI
                    Frankfurterstraße 13-15
                    6236 Eschborn

PHOENICS: IKOSS GmbH
                    Waldburgstraße 21
                    7000 Stuttgart 80
                    Tel.: (0711) 7377-0
                    Fax.: (0711) 7377-200

STAR CD: Computational Dynamics GmbH
                    Färberstraße 20
                    8500 Nürnberg 1
                    Tel.: (0911) 2379 154/161
                    Fax.: (0911) 2379 299

TASCflow3D: Advanced Scientific Computing Ltd.
                    Am Gangsteig 26
                    8150 Holzkirchen
                    Tel.: (08024) 8852
                    Fax.: (08024) 49304

Programmhersteller- und Vertreiberadressen weiterer Programmpakete, die nicht den Ausschlußkriterien unterlagen

FIRE:

AVL GmbH
Kleiststraße 48
8020 Graz
Österreich
Tel.: (316) 987-441
Fax.: (316) 987-400

FLOTRAN:

CAD-FEM GmbH
Anzingerstraße 11
8017 Ebersberg
Tel.: (08092) 24021
Fax.: (08092) 2836

NEKTON:

creare.x, USA
Etna Road
Hanover, NH 03755
Tel.: (603) 643-2600
Fax.: (603) 643-4657

Passage:

Technalysis Ltd.
6 Willoughby Way
Hitchin, Herfordshire
SG4 9LW England
Tel.: (0462) 58689
Fax.: (0462) 58689

PatranP3/CFD: PDA Engineering International GmbH
                 Frankfurter Ring 224
                 8000 München 40
                 Tel.: (089) 3236340
                 Fax.: (089) 3243213

Rampant: Fluent Deutschland
                 Donnersbergring 20
                 6100 Darmstadt
                 Tel.: (06151) 319544
                 Fax.: (06151) 319547

iwb Forschungsberichte

Berichte aus dem Institut für Werkzeugmaschinen und Betriebswissenschaften der Technischen Universität München

Herausgeber: Prof. Dr.-Ing. J. Milberg

1 **Streifinger, E.**
Beitrag zur Sicherung der Zuverlässigkeit und Verfügbarkeit
moderner Fertigungsmittel
1986. 72 Abb. 167 Seiten, ISBN 3-540-16391-3   68,- DM

2 **Fuchsberger, A.**
Untersuchung der spanenden Bearbeitung von Knochen
1986. 90 Abb. 175 Seiten, ISBN 3-540-16392-1   68,- DM

3 **Maier, C.**
Montageautomatisierung am Beispiel des Schraubens mit
Industrierobotern
1986. 77 Abb. 144 Seiten, ISBN 3-540-16393-X   68,- DM

4 **Summer, H.**
Modell zur Berechnung verzweigter Antriebsstrukturen
1986. 74 Abb. 197 Seiten, ISBN 3-540-16394-8   68,- DM

5 **Simon, W.**
Elektrische Vorschubantriebe an NC-Systemen
1986. 141 Abb. 198 Seiten, ISBN 3-540-16693-9   68,- DM

6 **Büchs, S.**
Analytische Untersuchungen zur Technologie der Kugelbearbeitung
1986. 74 Abb. 173 Seiten, ISBN 3-540-16694-7   68,- DM

7 **Hunzinger, I.**
Schneiderodierte Oberflächen
1986. 79 Abb. 162 Seiten, ISBN 3-540-16695-5   68,- DM

8 **Pilland, U.**
Echtzeit-Kollisionsschutz an NC-Drehmaschinen
1986. 54 Abb. 127 Seiten, ISBN 3-540-17274-2   68,- DM

9 **Barthelmeß, P.**
Montagegerechtes Konstruieren durch die Integration
von Produkt- und Montageprozeßgestaltung
1987. 70 Abb. 144 Seiten, ISBN 3-540-18120-2   68,- DM

10 **Reithofer, N.**
Nutzungssicherung von flexibel automatisierten Produktionsanlagen
1987. 84 Abb. 176 Seiten, ISBN 3-540-18440-6   68,- DM

11 **Diess, H.**
Rechnerunterstützte Entwicklung flexibel automatisierter
Montageprozesse
1988. 56 Abb. 144 Seiten, ISBN 3-540-18799-5   73,- DM

12 Reinhart, G.
Flexible Automatisierung der Konstruktion
und Fertigung elektrischer Leitungssätze
1988, 112 Abb. 197 Seiten, ISBN 3-540-19003-1   73,- DM

13 Bürstner, H.
Investitionsentscheidung in der rechnerintegrierten Produktion
1988, 77Abb. 190 Seiten, ISBN 3-540-19099-6   73,- DM

14 Groha, A.
Universelles Zellenrechnerkonzept für flexible Fertigungssysteme
1988, 74 Abb. 153 Seiten, ISBN 3-540-19182-8   73,- DM

15 Riese, K.
Klipsmontage mit Industrierobotern
1988, 92 Abb. 150 Seiten, ISBN 3-540-19183-6   73,- DM

16 Lutz, P.
Leitsysteme für rechnerintegrierte Auftragsabwicklung
1988, 44 Abb. 144 Seiten, ISBN 3-540-19260-3   73,- DM

17 Klippel, C.
Mobiler Roboter im Materialfluß eines flexiblen Fertigungssystems
1988, 86 Abb. 164 Seiten, ISBN 3-540-50468-0   73,- DM

18 Rascher, R.
Experimentelle Untersuchungen zur Technologie der Kugelherstellung
1989, 110 Abb. 200 Seiten, ISBN 3-540-51301-9   73,- DM

19 Heusler, H.-J.
Rechnerunterstützte Planung flexibler Montagesysteme
1989, 43 Abb. 154 Seiten, ISBN 3-540-51723-5   73,- DM

20 Kirchknopf, P.
Ermittlung modaler Parameter aus Übertragungsfrequenzgängen
1989, 57 Abb. 157 Seiten, ISBN 3-540-51724   73,- DM

21 Sauerer, Ch.
Beitrag für ein Zerspanprozeßmodell Metallbandsägen
1990, 89 Abb. 166 Seiten, ISBN 3-540-51868-1   78,- DM

22 Karstedt, K.
Positionsbestimmung von Objekten in der Montage-
und Fertigungsautomatisierung
1990, 92 Abb. 157 Seiten, ISBN 3-540-51879-7   78,- DM

23 Peiker, St.
Entwicklung eines integrierten NC-Planungssystems
1990, 66 Abb. 180 Seiten, ISBN 3-540-51880-0   78,- DM

24 Schugmann, R.
Nachgiebige Werkzeugaufhängungen für die automatische Montage
1990. 71 Abb. 155 Seiren, ISBN 3-540-52138-0   78,- DM

25 **Wrba, P**
Simulation als Werkzeug in der Handhabungstechnik
1990, 125 Abb., 178 Seiten, ISBN 3-540-52231-X   78,- DM

26 **Eibelshäuser, P.**
Rechnerunterstützte experimentelle Modalanalyse
mitells gestufter Sinusanregung
1990, 79 Abb., 156 Seiten, ISBN 3-540-52451-7   78,- DM

27 **Prasch, J.**
Computerunterstützte Planung von chirurgischen Eingriffen
in der Orthopädie
1990, 113 Abb., 164 Seiten, ISBN 3-540-52543-2   78,- DM

28 **Teich, K.**
Prozeßkommunikation und Rechnerverbund in der Produktion
1990, 52 Abb., 158 Seiten, ISBN 3-540-52764-8   78,- DM

29 **Pfrang, W.**
Rechnergestützte und graphische Planung manueller
und teilautomatisierter Arbeitsplätze
1990, 59 Abb., 153 Seiten, ISBN 3-540-52829-6   78,- DM

30 **Tauber, A.**
Modellbildung kinematischer Stukturen
als Komponente der Montageplanung
1990, 93 Abb., 190 Seiten, ISBN 3-540-52911-X   78,- DM

31 **Jäger, A.**
Systematische Planung komplexer Produktionssysteme
1991, 75 Abb., 148 Seiten, ISBN 3-540-53021-5   78,- DM

32 **Hartberger, H.**
Wissensbasierte Simulation komplexer Produktionssysteme
1991, 58 Abb., 154 Seiten, ISBN 3-540-53326-5   78,- DM

33 **Tuczek H.**
Inspektion von Karosseriepreßteilen auf Risse und Einschnürungen
mittels Methoden der Bildverarbeitung
1992, 125 Abb., 179 Seiten, ISBN 3-540-53965-4   88,- DM

34 **Fischbacher, J.**
Planungsstrategien zur strömungstechnischen Optimierung
von Reinraum–Fertigungsgeräten
1991, 60 Abb., 166 Seiten, ISBN 3-540-54027-X   78,- DM

35 **Moser, O.**
3D–Echtzeitkollisionsschutz für Drehmaschinen
1991, 66 Abb., 177 Seiten, ISBN 3-540-54076-8   78,- DM

36 **Naber, H.**
Aufbau und Einsatz eines mobilen Roboters mit
unabhängiger Lokomotions– und Manipulationskomponente
1991, 85 Abb., 139 Seiten, ISBN 3-540-54216-7   78,- DM

37 **Kupec, Th.**
Wissensbasiertes Leitsystem zur Steuerung flexibler Fertigungsanlagen
1991, 68 Abb., 150 Seiten, ISBN 3-540-54260-4   78,- DM

38 **Maulhardt, U.**
Dynamisches Verhalten von Kreissägen
1991, 109 Abb., 159 Seiten, ISBN 3-540-54365-1   78,– DM

39 **Götz, R.**
Stukturierte Planung flexibel automatisierter Montagesysteme
für flächige Bauteile
1991, 86 Abb., 201 Seiten, ISBN 3-540-54401-1   78,– DM

40 **Koepfer, Th.**
3D- grafisch-interaktive Arbeitsplanung – ein Ansatz
zur Aufhebung der Arbeitsteilung
1991, 74 Abb., 126 Seiten, ISBN 3-540-54436-4   78,– DM

41 **Schmidt, M.**
Konzeption und Einsatzplanung flexibel automatisierter
Montagesysteme
1992, 108 Abb., 168 Seiten, ISBN 3-540-55025-9   88,– DM

42 **Burger, C.**
Produktionsregelung mit entscheidungsunterstützenden
Informationssystemen
1992, 94 Abb., 186 Seiten, ISBN 5-540- 55187-5   88,– DM

43 **Hoßmann, J.**
Methodik zur Planung der automatischen Montage von nicht
formstabilen Bauteilen
1992, 73 Abb., 168 Seiten, ISBN 3-540-5520-0   88,– DM

44 **Petry, M.**
Systematik zur Entwicklung eines modularen Programm-
baukastens für robotergeführte Klebeprozesse
1992, 106 Abb., 139 Seiten ISBN 3-540-55374-6   88,– DM

45 **Schönecker, W.**
Integrierte Diagnose in Produktionszellen
1992, 87 Abb., 159 Seiten, ISBN 3-540-55375-4   88,– DM

46 **Bick, W.**
Systematische Planung hybrider Montagesyste unter
Berücksichtigung der Ermittlung des optimalen Automatisierungsgrades
1992, 70 Abb., 156 Seiten ISBN 3-540-55377-0   88,– DM

47 **Gebauer, L.**
Prozeßuntersuchungen zur automatisierten Montage
von optischen Linsen
1992, 84 Abb., 150 Seiten, ISBN 3-540- 55378-9   88,– DM

48 **Schrüfer, N.**
Erstellung eines 3D–Simulationssystems zur Reduzierung
von Rüstzeiten bei der NC–Bearbeitung
1992, 103 Abb., 161 Seiten, ISBN 3-540-55431-9   88,– DM

49 **Wisbacher, J.**
Methoden zur rationellen Automatisierung der Montage
von Schnellbefestigungselementen
1992, 77 Abb., 176 Seiten, ISBN 3-540-55512-9   88,– DM

50 **Garnich. F.**
Laserbearbeitung mit Robotern
1992, 110 Abb., 184 Seiten, ISBN 3-540- 55513-7   88,– DM

51 **Eubert, P.**
Digitale Zustandsregelung elektrischer Vorschubantriebe
1992, 89 Abb., 159 Seiten, ISBN 3-540-44441-2   88,- DM

52 **Glaas, W.**
Rechnerintegrierte Kabelsatzfertigung
1992, 67 Abb., 140 Seiten, ISBN 3-540-55749-0   88,- DM

53 **Helml, H.J.**
Ein Verfahren zur on-line Fehlererkennung und Diagnose
1992, 60 Abb., 153 Seiten, ISBN 3-540-55750-4   88,- DM

54 **Lang, Ch.**
Wissensbasierte Unterstützung der Verfügbarkeitsplanung
1992, 75 Abb., 150 Seiten, ISBN 3-540-55751-2   88,- DM

55 **Schuster, G.**
Rechnergestütztes Planungssystem für die flexibel
automatisierte Montage
1992, 67 Abb., 135 Seiten, ISBN 3-540-55830-6   88,- DM

56 **Bomm, H.**
Ein Ziel- und Kennzahlensystem zum Investitionscontrolling
komplexer Produktionssysteme
1992, 87 Abb., 195 Seiten, ISBN 3-540-55964-7   88,- DM

57 **Wendt, A.**
Qualitätssicherung in flexibel automatisierten Montagesystemen
1992, 74 Abb., 179 Seiten, ISBN 3-540-56044-0   88,- DM

58 **Hansmaier, H.**
Rechnergestütztes Verfahren zur Geräuschminderung
1993, 67 Abb., 156 Seiten, ISBN 3-540-56043-2   88,- DM

59 **Dilling, U.**
Planung von Fertigungssystemen unterstützt
durch Wirtschaftlichkeitssimulation
1993, 72 Abb., 146 Seiten, ISBN 3-540-56307-5   88,- DM

60 **Strohmayr, R.**
Rechnergestützte Auswahl und Konfiguration
von Zubringeeinrichtungen
1993, 80 Abb., 152 Seiten, ISBN 3-540-56652-X   88,- DM

61 **Glas, J.**
Standardisierter Aufbau anwendungsspezifischer
Zellenrechnersoftware
1993, 80 Abb., 145 Seiten, ISBN 3-540-56890-5   88,- DM

62 **Stetter, R.**
Rechnergestützte Simulationswerkzeuge zur
Effizienzsteigerung des Industrierobotereinsatzes
1994, 91 Abb., 146 Seiten, ISBN 3-540-568891   88,- DM

63 **Dirndorfer, A.**
Robotersysteme zur förderbandsynchronen Montage
1993, 76 Abb, 144 Seiten, ISBN 3-540-57031-4   88,- DM

64 **Wiedemann, M.**
Simulation des Schwingungsverhaltens spanender Werkzeugmaschinen
1993, 81 Abb., 137 Seiten, ISBN 3-540-57177-9   88,- DM

65 Woenckhaus, Ch.
Rechnergestütztes System zur automatisierten 3D-Layoutoptimierung
1994, 81 Abb., 140 Seiten,ISBN 3540-57284-8   88,- DM

66 Kummetsteiner, G.
3D-Bewegungssimulation als integratives Hilfsmittel zur Planung
manueller Montagesysteme
1994, 62 Abb.; 146 Seiten, ISBN 3-540-57535-9   88,- DM

67 Kugelmann, F.
Einsatz nachgiebiger Elemente zur wirtschaftlichen Automatisierung
von Produktionssystemen
1993, 76 Abb., 144 Seiten, ISBN 3-540-57549-9   88,- DM

68 Schwarz, H.
Simulationsgestützte CAD/CAM-Kopplung für die 3D-Laserbearbeitung
mit integrierter Sensorik
1994, 96 Abb., 148 Seiten, ISBN 3-540-57577-4   88,- DM

69 Viethen, U.
Systematik zum Prüfen in Flexiblen Fertigungssytemen
1994, 70 Abb., 142 Seiten, ISBN 3-540-57794-7   88,- DM

70 Seehuber, M.
Automatische Inbetriebnahme geschwindigkeitsadaptiver Zustandsregler
1994, 72 Abb., 155 Seiten, ISBN 3-540-57896-X   88,- DM

71 Amann, W.
Eine Simulationsumgebung für Planung und Betrieb
von Produktionssystemen
1994, 71 Abb., 129 Seiten, ISBN 3-540-57924-9   88,- DM

73 Welling, A.
Effizienter Einsatz bildgebender Sensoren zur Flexibilisierung
automatisierter Handhabungsvorgänge
1994, 66 Abb., 139 Seiten, ISBN 3-540-580-0   88,— DM

74 Zetlmayer, H,
Verfahren zur simulationsgestützen Produktionsregelung
in der Einzel- und Kleinserienproduktion
1994, 62 Abb., 143 Seiten, ISBN 3-540-58134-0   88,— DM

75 Lindl, M.
Auftragsleittechnik für Konstruktion und Arbeitsplanung
1994, 66 Abb,. 147 Seiten, ISBN 3-540-58221-5   88,- DM

76 Zipper, B.
Das integrierte Betriebsmittelwesen – Baustein einer flexiblen Fertigung
1994, 64 Abb., 147 Seiten, ISBN 3-540-58222-3   88,— DM

78 Engel, A.
Strömungstechnische Optimierung von Produktionssystemen
durch Simulation
1994, 69 Abb., 160 Seiten, ISBN 3-540-58258-4   88,— DM

Die Bände sind im Erscheinungsjahr und in den Folgenden drei Kalenderjahren
zu beziehen durch den örtlichen Buchhandel
oder durch Lange & Springer, Otte-Suhr-Allee 26-28, 10585 Berlin